日本《にほん》の伝統《でんとう》野菜《やさい》

板木利隆・監修　真木文絵　石倉ヒロユキ・編

もくじ

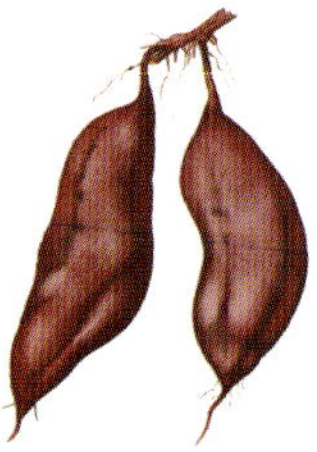
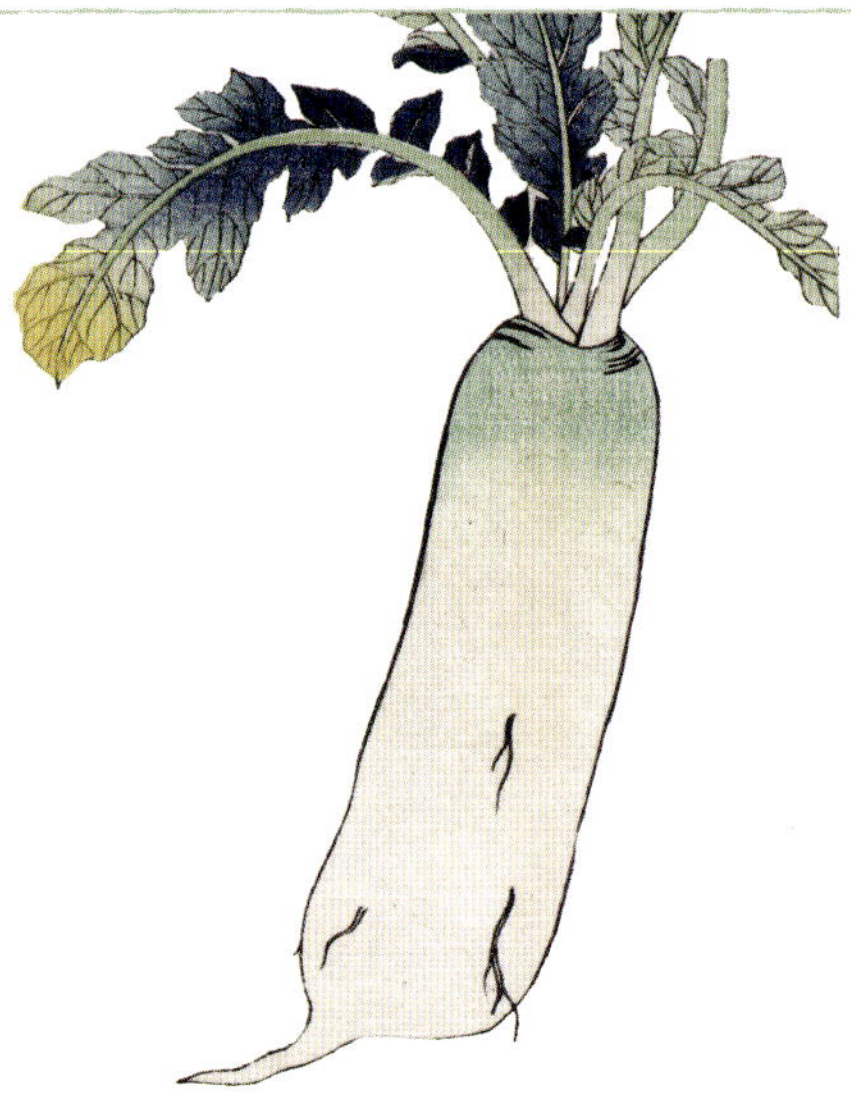
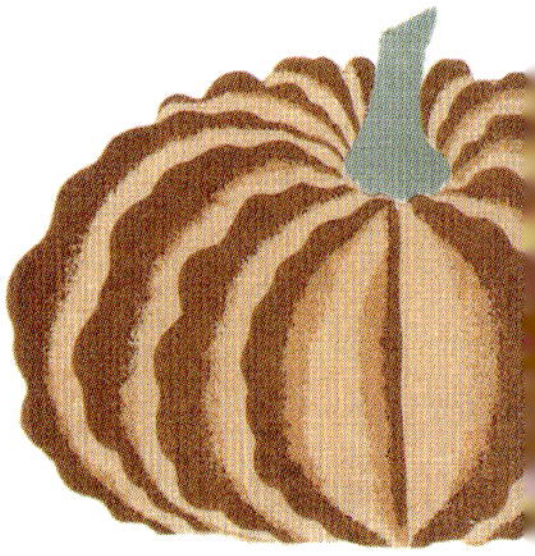
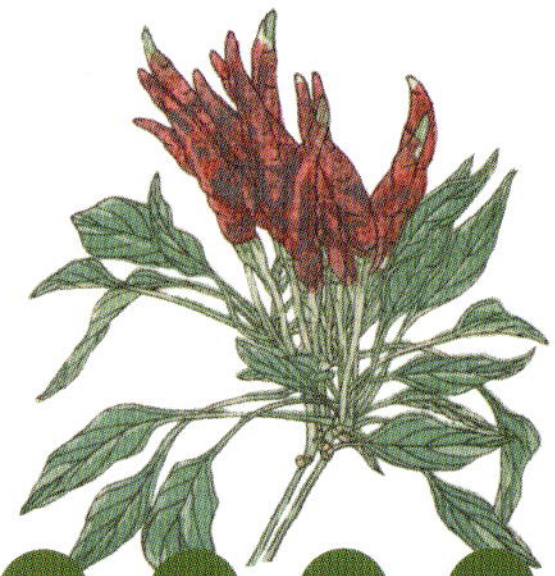

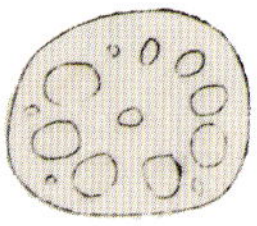
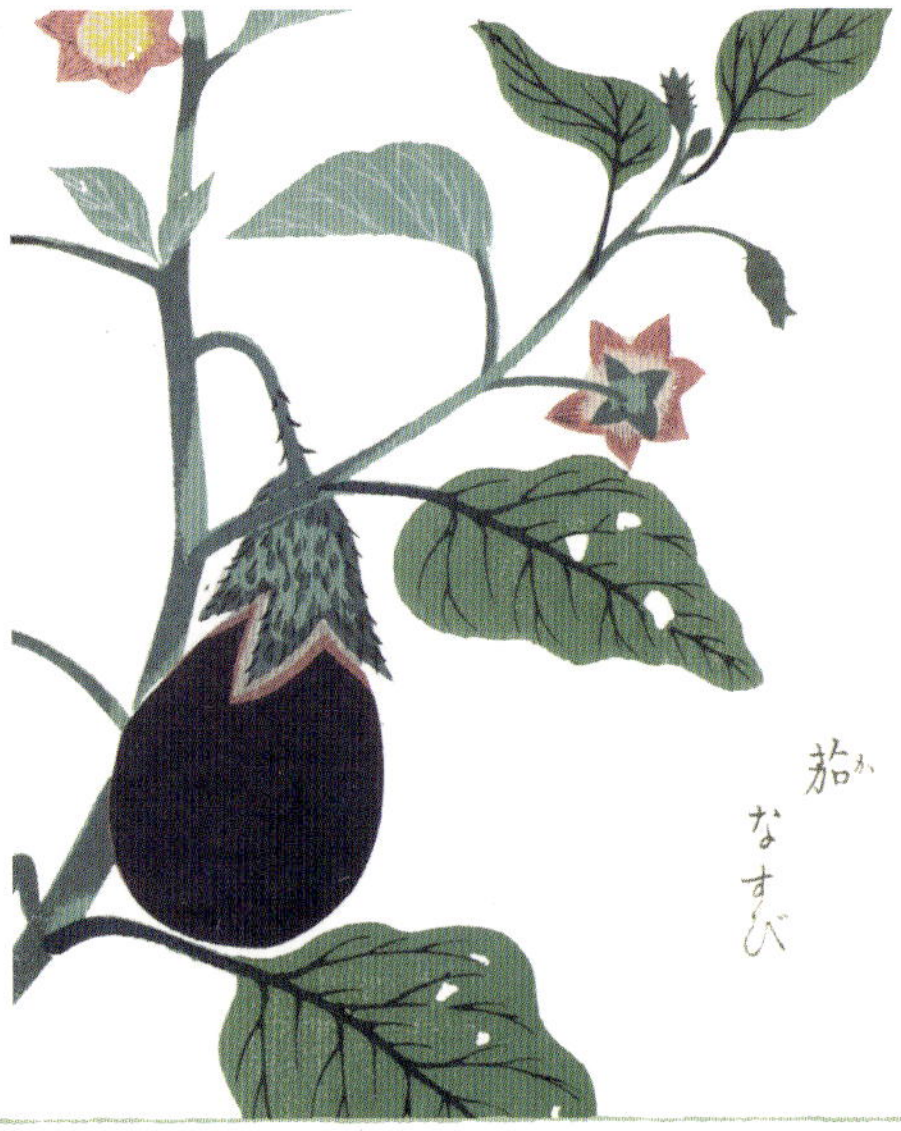

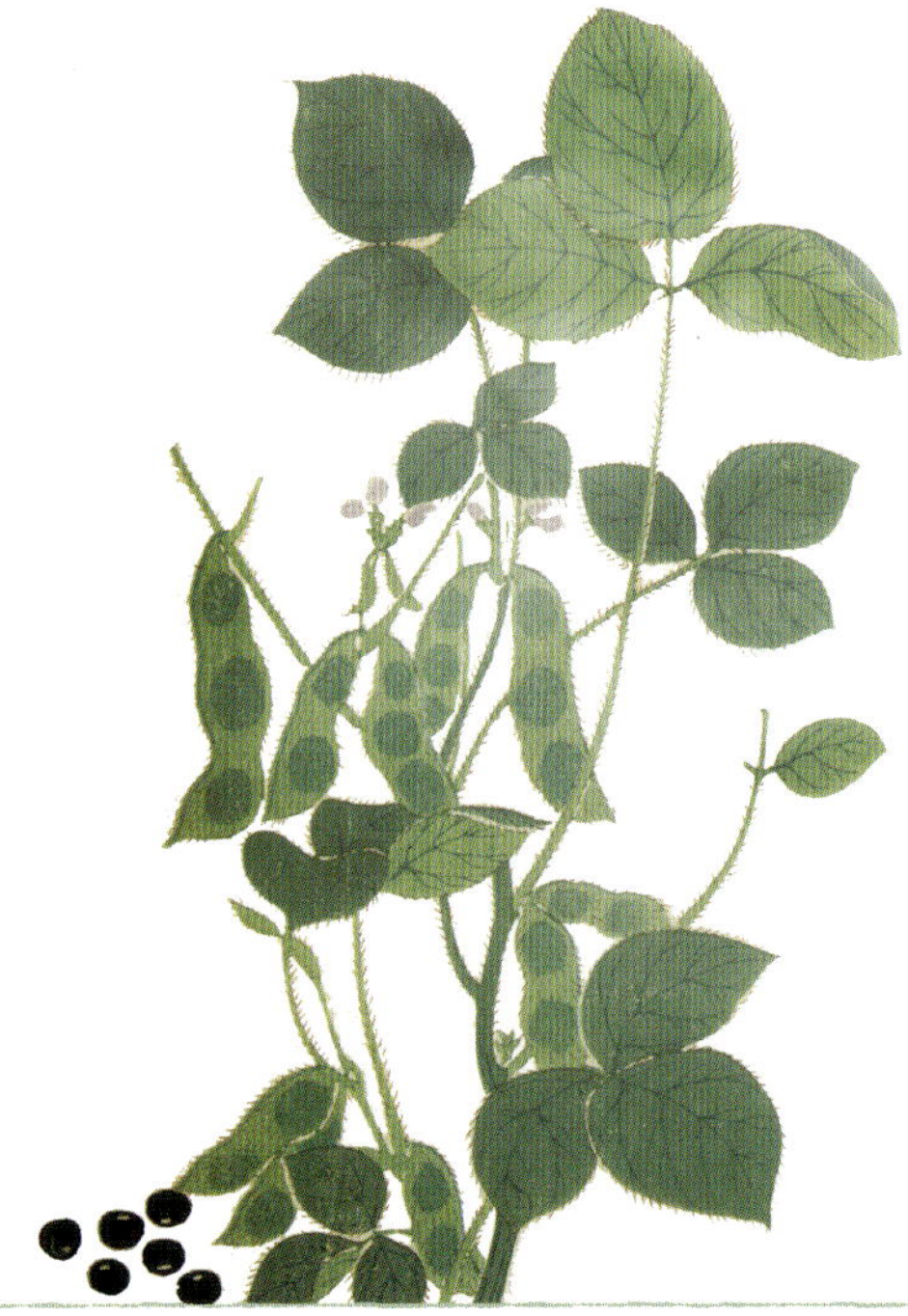

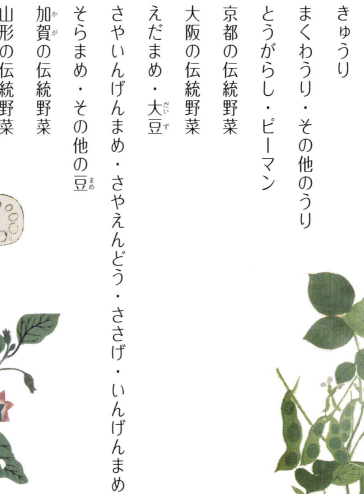

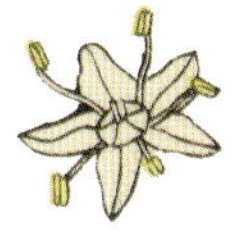

この本の見方《みかた》

場 その野菜の栽培《さいばい》が始まったところや、現在、おもに栽培されている地域など、場所に関係する情報を表記《ひょうき》してあります。しかし、同じ品種《ひんしゅ》の野菜が別のところでも栽培されている場合もあります。

名 方言《ほうげん》や地元《じもと》でのよび名、別《べつ》名《めい》など、名前に関係する情報を表記してあります。

食 おもな食べ方や調理方法《ちょうりほうほう》、郷土《きょうど》料理名を表記してあります。

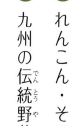

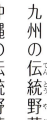

伝《でん》統《とう》野《や》菜《さい》って、どんな野菜？

伝統野菜って、なに？

現在、たくさんの種類の野菜が流通して、食《しょく》卓《たく》で食べられていますが、その多くは品種改良《ひんしゅかいりょう》を重ねて作られてきた野菜たちです。南北に長い日本列島《れっとう》では、古くからその土地の気候に合わせて多くの品種が栽培《さいばい》されてきました。現在では栽培技術も進化して、より多くの品種が栽培されるようになっています。

「伝統野菜」とよばれるものは、その中でも比較的《ひかくてき》古い品種のことをさしますが、きちんとしたよび名の約束（定義《ていぎ》）はありません。

きゅうり、なす、ねぎ、じゃがいも、トマト、どれもおなじみの野菜ですが、日本で栽培がはじまった時期は、大きく違《ちが》います。きゅうりやなす、ねぎは、江戸《えど》時代の人たちが日常《にちじょう》食べていた野菜ですが、じゃがいもは明治《めいじ》になってから、アメリカから多くの品種が導入《どうにゅう》され北海道で栽培がはじまりました。トマトは、江戸時代にオランダ人がもってきましたが、だれも食べようとはしませんでした。家庭の食卓で食べられるようになったのは、昭和《しょうわ》になってからです。

つまり野菜の歴史は、その品種ごとに大きな差があるのです。

その中で、地域の気候風土に合って、そこに暮《く》らす人々の食生活といっしょに長い間栽培が続いてきたものは、広い意味で「伝統野菜」とよんでよいのではないでしょうか。

野菜栽培がさかんな地域では、農家の団体や自治体《じちたい》などが独自《どくじ》のルールを作って、伝統野菜の選出を進めています。たとえば、石川県金沢《かなざわ》市で作られている「加賀《かが》野菜」は、「昭和20年（1945年）以前から栽培され、現在も主《しゅ》として金沢で栽培されている野菜」という決まりにあったものが認定《にんてい》されています。大阪府の「なにわの伝統野菜」は、①大阪府内でおおむね100年以上前から栽培されていたもの、②現在も府内で栽培されているもの、③その野菜の種子《しゅし》が手に入るもの、という3つの条件を満たしているものだけが認定されているのです。

各地域で「伝統野菜」と認定することで、その品種のおいしさなどの魅力《みりょく》を広く知らせ、地域の食文化を大切にしていこうという活動です。それぞれの団体や自治体などは、宣伝《せんでん》のためにキャラクターを作ったり、認定シールをはったりして、伝統野菜の普及《ふきゅう》に努《つと》めています。

伝統野菜の特徴《とくちょう》は？

古い品種には、現在の野菜品種が失《うしな》ってしまった、味や香《かお》りがあるものも多く、なつかし

い味だとよろこばれます。

しかし、古い品種には問題点もあります。病気や虫に弱く、管理に手間《てま》がかかったり、収穫《しゅうかく》量《りょう》が現在の品種よりも劣《おと》るものも多く、農家では栽培《さいばい》を続けていくことに障害《しょうがい》となることが少なくありません。

冷蔵庫《れいぞうこ》や流通運搬《りゅうつううんぱん》するシステムがなかった時代には、だれもが採《と》れたての野菜を食べることができませんでした。四季のある日本では、野菜は「旬《しゅん》」とよばれる収穫期にたくさん採れ、真冬などの時期には、限られた野菜しか食べることはできませんでした。逆に、気温の高い沖縄は、真夏には暑すぎて、野菜作りが難しい環《かん》境《きょう》です。

昔の農家の人々は、収穫してすぐに売り歩くことはできませんから、多くの野菜は、漬けものや干《ほ》し野菜などに加工保存《かこうほぞん》されてきました。伝統野菜《でんとうやさい》には、それぞれの味をいかした食べ方も多く伝わっていて、地域の伝統食となっています。

野菜は、どうやって進化したの？

明治《めいじ》までの「野菜の種」は、種屋さんで売られることが多く、それを買った農家では、毎年種を採取《さいしゅ》して残し、栽培が続けられていました。

近代になって、新しい品種を販売する種苗《しゅびょう》会社では、「病気に強い、収量《しゅうりょう》が多い、早く実る、味がよい」など、交配《こうはい》によって新たな品種を開発してきました。

それらの野菜は、品種の権利を守るための登《とう》録《ろく》がされ「F1品種《エフワン》」とよばれています。F1とは、品種改良《ひんしゅかいりょう》の結果、一世代しかその能力が発揮《はっき》できず、種を採って育てる自家採取《じかさいしゅ》の栽培ができなくなっているものです。

また、ビニールハウスや温室《おんしつ》などの施設《しせつ》を使って、旬の時期以外にも収穫するために、たくさんの工夫《くふう》がされています。そんな栽培方法に適《てき》した品種も多く開発されているわけです。

野菜の品種改良は年々さかんになっています。江戸《えど》時代には、できのよい野菜を選び残すことで品種が改良されてきましたが、現在では人間が遺伝子《いでんし》をあやつることができる時代になりました。野菜が野山に自生《じせい》している植物と大きく違うのは、人の意志《いし》で作られる植物だということなのです。

野菜とは、苦く、堅《かた》く食べにくいものだった野草《やそう》が、甘《あま》くやわらかく、食べやすいものに改良されてきた植物、というわけです。つまり伝統野菜とは、わたしたちが野菜を育てはじめたころのおいしさや姿《すがた》を、いまも残しているもの、と考えることができます。

全国各地に残る伝統野菜の魅力《みりょく》は、どんなところにあるのか、調べてみましょう。

なす

いろいろな形のなすが全国にあります

なすはインド東部の熱帯《ねったい》地域で生まれた野菜だといわれています。4～5世紀に中国に伝わり、8世紀に日本にやってきました。

江戸《えど》時代にはすでに多くの品種があったようです。漬《つ》けもの、煮《に》もの、焼きなすなどで食べるほか、お盆《ぼん》の時期にはなすで作った馬を使い、霊《れい》の迎《むか》え送りをする風習《ふうしゅう》も残っており、いろいろな行事にも利用されてきた重要な野菜です。

古くから栽培《さいばい》されているため、日本全国にさまざまな品種があります。関東でよく見られる卵形《たまごがた》なすのほか、長《ちょう》卵形《らんけい》なす、長なす、大長《おおなが》なす、ボールのような丸なすなど、いろいろな形のなすがあります。

泉州《せんしゅう》水《みず》なす

場 大阪府／泉佐野《いずみさの》市、岸和田《きしわだ》市、貝塚《かいづか》市
食 浅漬《あさづ》け

のどがかわいたときにしぼって飲めるほど水分がたっぷりな卵形《たまごがた》なす。江戸《えど》時代初期から作られています。

賀茂《かも》なす

場 京都府／亀岡《かめおか》市、京都市など
食 田楽《でんがく》、あげもの、煮《に》もの、焼きなす

ふっくらとした大型の丸なす。つやつやと光り、へたや幹《みき》の部分にトゲがあります。京料理には欠《か》かせません。

なすの名前の由来《ゆらい》は？

夏にとれる野菜を意味する「夏の実」が「なすび」に転じ、やがて、室町《むろまち》時代に宮中《きゅうちゅう》に仕《つか》える女官《にょかん》の使う言葉である「おなす」とよばれるようになり、そこから「なす」となったといわれています。ほかにもいくつか説があるようです。

「一《いち》富士《ふじ》二《に》鷹《たか》三《さん》なすび」ってどういう意味？

江戸《えど》時代からのことわざで、初夢《はつゆめ》に見ると縁起《えんぎ》がよいものとして「一富士二鷹三なすび」があります。徳川家康《とくがわいえやす》にゆかりがある駿河《するが》の国（現在の静岡県）で高いものを順に並《なら》べると、①富士山、②鷹（高く飛ぶから）、③初物《はつもの》のなすの値段《ねだん》（びっくりするくらい高かった）となることがいわれとされていますが、ほかにもいろいろな説があります。

長《なが》岡《おか》巾《きん》着《ちゃく》なす

場 新潟県／長岡市中島《なかじま》地区
名 中島巾着《なかじまきんちゃく》
食 ふかしなす、煮《に》もの

大型《おおがた》の丸《まる》なす。小さな袋《ふくろ》のような形なので巾着《きんちゃく》の名前がつきました。蒸《む》して、からしじょうゆで食べる「ふかしなす」にします。

●小なすとは　サイズが小さいなすを「小なす」とよび、丸ごと漬《つ》けものにして食べられています。

地域独特の食べ方

果肉《かにく》がかたくしまっているなすは漬《つ》けものに向いていますし、果肉がやわらかいものは焼きなすにすると、とろけるような食感になります。京都では丸い賀茂《かも》なすを焼いた田楽《でんがく》という郷土《きょうど》料理が有名ですし、石川県や香川県では、なすとそうめんを煮《に》た料理が食卓《しょくたく》によく上ります。その土地に伝わるなすの特性にあった、おいしい食べ方があるのです。みなさんの住んでいる地域では、どんなふうになすを料理していますか？

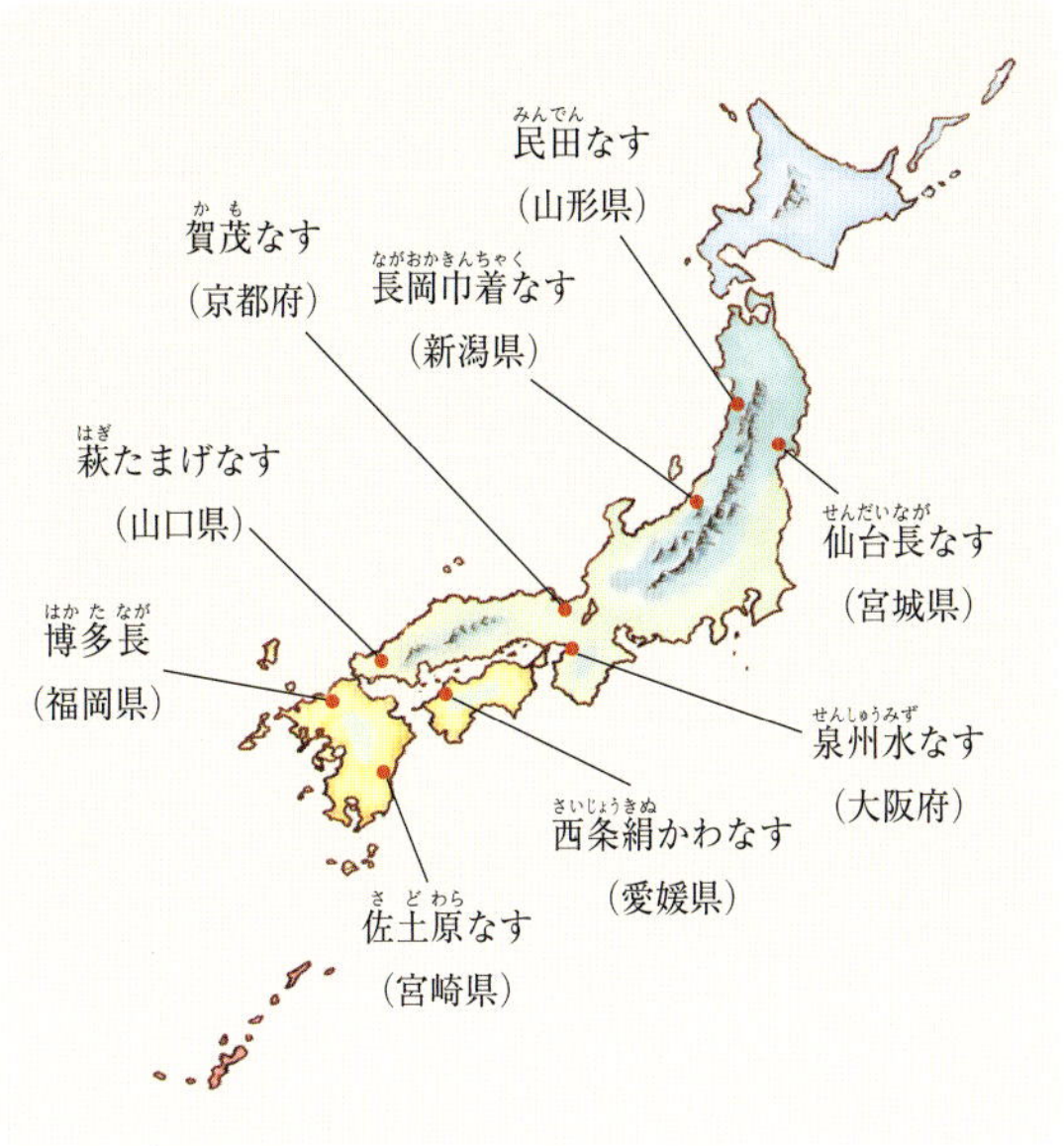

仙台長《せんだいなが》なす

場 宮城県／仙台市
食 漬《つ》けもの

長なすといっても8～10cmで収穫《しゅうかく》。つやがある黒紫色《くろむらさきいろ》で、先がとがっています。栽培歴《さいばいれき》は400年以上もあります。

萩《はぎ》たまげなす

場 山口県／萩市
名 田屋《たや》なす
食 焼きなす、あげもの

元は長門《ながと》市田屋《たや》地区で栽培《さいばい》されていたものが、萩に伝わり、栽培が続けられています。超大型で重さが800gにもなります。

博多長《はかたなが》

場 福岡県／福岡市
食 焼きなす、天ぷら、煮《に》もの

江戸《えど》時代から作られている、30～40cmにもなる大長《おおなが》なす。皮がかたく、中がやわらかいので焼きなすや煮《に》ものに。

民田《みんでん》なす

場 山形県／鶴岡《つるおか》市民田地区特産
食 漬《つ》けもの

江戸《えど》時代に京都から伝わったと言われている小なす。丸ごと漬《つ》けものにされます。

佐土原《さどわら》なす

場 宮崎県／宮崎市佐土原町
食 焼きなす

江戸《えど》時代から佐土原藩《はん》で栽培《さいばい》されていた長なす。夏になると皮の色が赤みを帯《お》びてきます。

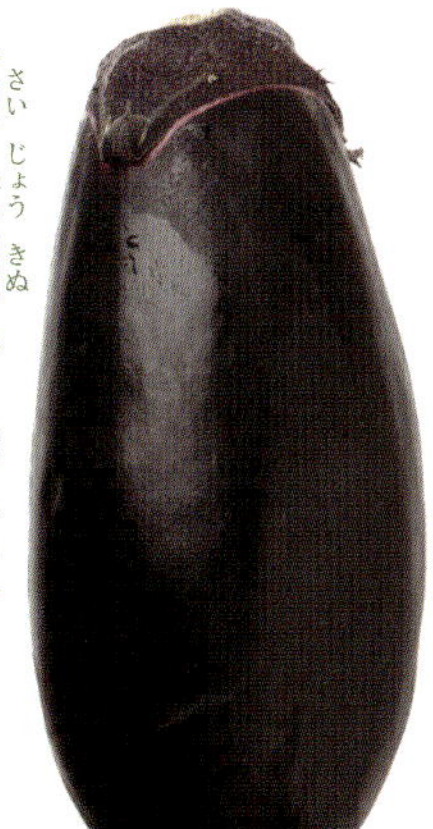

西条絹《さいじょうきぬ》かわなす

場 愛媛県／西条市
名 ぼてなす、ジャンボ
食 漬《つ》けもの、焼きなす

皮が絹のようになめらかなので、この名前がつきました。石鎚山系《いしづちさんけい》の名水《めいすい》で育てられている大型の卵形《たまごがた》なすです。

●「色々な」なす　なすといえば紫黒色《しこくいろ》が一般的ですが、青なす（青に近いものや緑色のものをさす場合もあります）、白なす、黄なすとよばれる品種もあり、現在でも各地に残っています。

かぼちゃ

「日本」「西洋《せいよう》」「ペポ」かぼちゃのタイプは3つ

かぼちゃはメキシコや中央アメリカで生まれた野菜で、その地域には今でも野生のかぼちゃが分布《ぶんぷ》しています。「新大陸《しんたいりく》」を発見したコロンブスがヨーロッパに持って帰ったことから、その後、世界中に広まりました。

大きく分けるとかぼちゃには3つのタイプがあります。ややねっとりとした日本かぼちゃ（東《とう》洋種《ようしゅ》ともよびます）、ホクホクとして甘《あま》みが強い西洋かぼちゃ（西洋種）、そして、ユニークな形をしたペポかぼちゃというグループです。ポルトガル人によって日本に初めて伝わったのは、日本かぼちゃ。続いて入ってきた西洋かぼちゃは涼《すず》しい気候の場所でも栽培《さいばい》できたので、北海道や東北に広がりました。

冬至《とうじ》にかぼちゃを食べるわけ

ハウス栽培《さいばい》などなかった昔は、寒い時期に食べることができる野菜が限られていました。かぼちゃは夏から秋にかけて収穫《しゅうかく》しますが、保存がきくので、冬になっても食べることができる貴重《きちょう》な野菜でした。かぼちゃはビタミンAやC、Eを豊富《ほうふ》に含《ふく》むので、風邪《かぜ》の予防《よぼう》になるため、冬至にかぼちゃを食べる習慣《しゅうかん》が生まれたそうです。

勝間南瓜《こつまなんきん》（日本かぼちゃ）

場 大阪府／大阪市西成区《にしなりく》玉出町《たまでちょう》発祥《はっしょう》
食 煮《に》もの、炒《い》り煮《に》、和菓子《わがし》など

約900gと小型で粘《ねば》りがあり、ほどよい甘《あま》み。果皮《かひ》は熟《じゅく》すと赤茶色に。冬至《とうじ》の日、生根《いくね》神社では「こつま南瓜祭り」があります。

黒皮《くろかわ》かぼちゃ（日本かぼちゃ）

場 宮崎県
名 日向《ひゅうが》かぼちゃ
食 煮《に》もの

明治《めいじ》40年、水田《すいでん》の裏作《うらさく》作物《さくもつ》として、在来種《ざいらいしゅ》の「大ちりめん」を栽培《さいばい》したのが始まりとされます。皮がゴツゴツしているのが特徴《とくちょう》。果肉《かにく》は鮮《あざ》やかな黄色で、まろやかな甘《あま》みがあります。

まさかりかぼちゃ（西洋《せいよう》かぼちゃ）

場 北海道
名 ハッパード
食 煮《に》もの

明治《めいじ》初期から戦前まで広く栽培《さいばい》されていた大型かぼちゃ。果皮《かひ》が非常にかたく「まさかり」を使って割ったことから、この名がつきました。

いとこ煮《に》って、知ってる？

かぼちゃと小豆《あずき》を一緒《いっしょ》に煮《に》る料理は全国で食べられており、「いとこ煮」とか「小豆かぼちゃ」などとよばれています。かたいかぼちゃと小豆をおいおい（甥《おい》）なべに入れて、めいめい（姪《めい》）煮ていくことから、いとこ煮という名前がついたそうです。

●ペポかぼちゃ　ズッキーニはきゅうりに似《に》ていますが、ペポかぼちゃの一つです。ハロウィンに飾《かざ》るおもちゃかぼちゃもペポかぼちゃです。

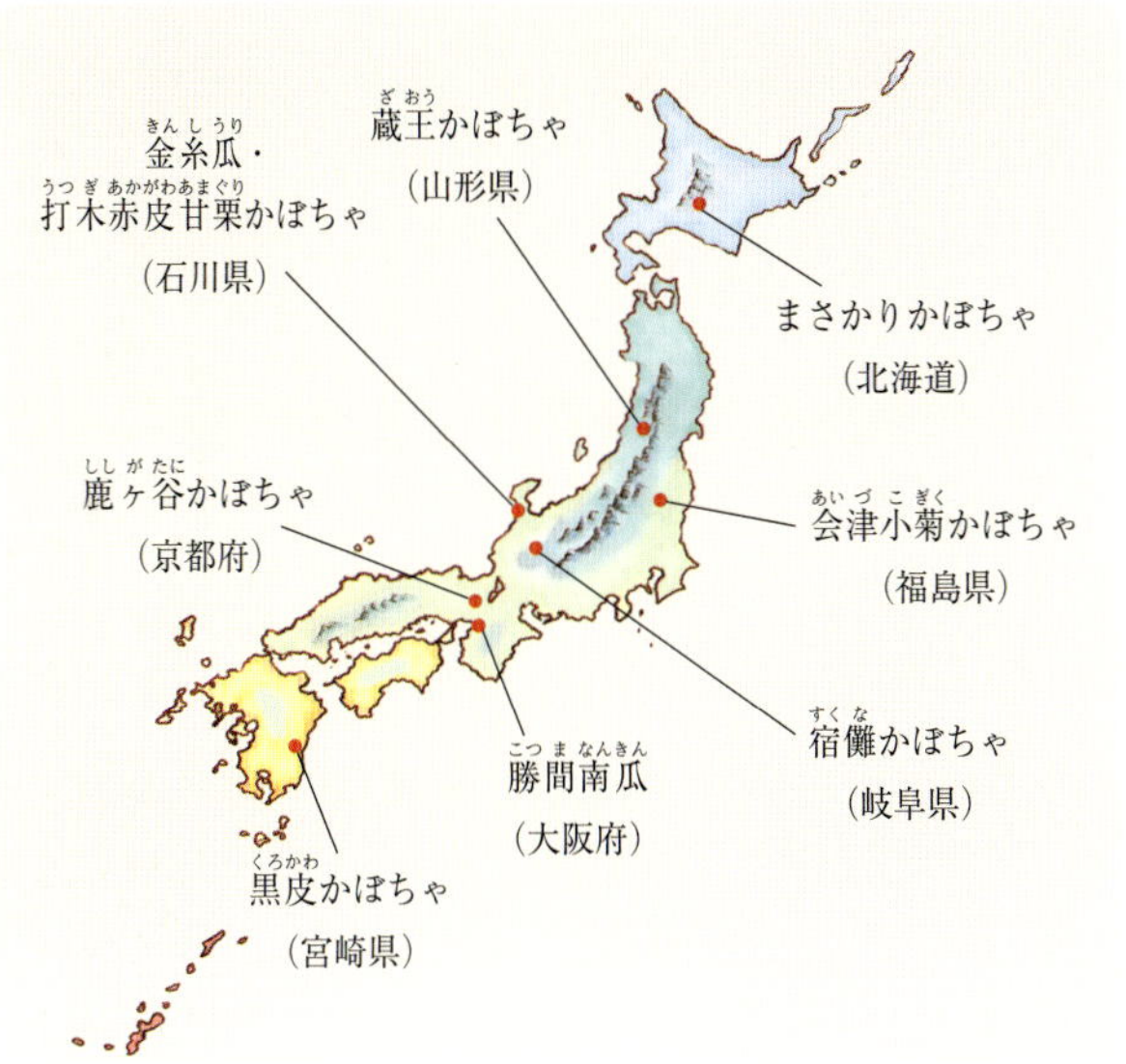

かぼちゃを使った郷土《きょうど》料理

かぼちゃの生産がさかんな北海道では「かぼちゃもち」や「かぼちゃしるこ」を食べる習慣《しゅうかん》があります。山梨県の「ほうとう」にはかぼちゃは欠《か》かせません。青森県の「あぶらげもち」や長崎県の「ねりくり」は、どちらもかぼちゃを使った甘《あま》いおやつです。

金糸瓜《きんしうり》（ペポかぼちゃ）

場 石川県・岡山県
名 そうめんかぼちゃ
食 酢《す》のもの

ゆでると果肉《かにく》が麺《めん》のようにほぐれます。石川県の中能登《なかのと》地方ではお祭りや仏事《ぶつじ》、神事《しんじ》によく食べられる品種です。

蔵王《ざおう》かぼちゃ（西洋《せいよう》かぼちゃ）

場 山形県／山形市蔵王地区
名 まさかりかぼちゃ
食 煮《に》もの、あげもの

甘《あま》みが強く、ほくほくとしたかぼちゃですが、皮がとてもかたいのが特徴《とくちょう》です。へたと反対側のへそ部分が10cmもあり、ユニークな形をしています。

鹿ケ谷《ししがたに》かぼちゃ（日本かぼちゃ）

場 京都府／京都市左京《さきょう》区鹿ヶ谷発祥《はっしょう》
名 おかぼ
食 煮《に》もの、天ぷら

約200年前、青森県津軽《つがる》地方から持ち帰った種を大文字山麓《だいもんじさんろく》の鹿ヶ谷地区で育てたといわれています。きめ細かくねっとりした食感。鹿ヶ谷の安楽寺《あんらくじ》では、毎年7月25日に、「かぼちゃ供《く》養《よう》」が行われます。

宿儺《すくな》かぼちゃ（西洋《せいよう》かぼちゃ）

場 岐阜県／高山《たかやま》市
食 天ぷら、煮《に》もの、スープ、サラダ、お菓子《かし》

へちまのように細長く、50cm以上にもなる大型の西洋かぼちゃ。白い皮はうすくて切りやすく、果肉《かにく》は甘《あま》いのが特徴《とくちょう》です。

会津小菊《あいづこぎく》かぼちゃ（日本かぼちゃ）

場 福島県／会津地方
名 飯寺《にいでら》かぼちゃ
食 煮《に》もの

江戸《えど》時代から作られているかぼちゃで、ゴツゴツとした見た目ですが、輪切りにすると菊《きく》の花のような形になります。皮がかたく、冬まで保存することができます。

打木赤皮《うつぎあかがわ》甘栗《あまぐり》かぼちゃ（西洋《せいよう》かぼちゃ）

場 石川県／金沢《かなざわ》市
食 煮《に》もの

皮も果肉《かにく》も鮮《あざ》やかな紅《べに》色が特徴《とくちょう》。昭和《しょうわ》8年に福島から導入《どうにゅう》した栗《くり》かぼちゃをもとに作られた品種です。

●名前の由来《ゆらい》　日本にはカンボジアから伝わった野菜なので、かぼちゃという名前がついたといわれています。かぼちゃにはいくつか別のよび名があり、「なんきん」は中国の都市の名前に、「ぼうぶら」はポルトガル語で〈うり〉を意味する〈アボボラ〉に由来するようです。そのほか、「とうなす」「なんばんうり」という名前でよぶ地域もあります。

きゅうり

昔のきゅうりはとげがするどく苦かった

インドのヒマラヤ山ろく付近《ふきん》で生まれたきゅうりは、そこから、ヨーロッパ、中国北部、中国南部の3つの方面へ広がっていきました。日本へやってきたのは平安《へいあん》時代といわれ、栽培《さいばい》がさかんになったのは江戸《えど》時代になってから。当時のきゅうりは苦みがとても強かったのですが、栽培方法や品種改良《ひんしゅかいりょう》を工夫《くふう》して、早く出荷《しゅっか》することができるようになると、どのうり類よりも早く味わえるとして、人気《にんき》の野菜となりました。

現在の主流は白いとげがある白いぼきゅうりですが、限《かぎ》られた地域では、昔ながらの黒いぼきゅうりや小型のピクルスきゅうりも作られています。

きゅうりの表面についている白い粉《こな》はなに？

暑い時期に実るきゅうりは、水分が蒸発《じょうはつ》しないよう、ろうのような白い粉を出して乾燥《かんそう》を防《ふせ》ぎます。この粉のようなものをブルームといいます。農薬がついているように見えたため、近ごろはブルームが出ない品種が多くなっています。

糠塚《ぬかづか》きゅうり

場 青森県／八戸《はちのへ》市糠塚地区
食 生食、酢《す》のもの

青森県南地域のみで流通している希少《きしょう》なきゅうり。生ならみそをつけて風味《ふうみ》を楽しみます。

番所《ばんどころ》きゅうり

場 長野県／松本《まつもと》市安曇《あづみ》地区
食 生食、浅漬《あさづ》けなど

高原一帯で昭和《しょうわ》初期から栽培《さいばい》されていて、皮は薄《うす》く、肉厚《にくあつ》でみずみずしい。長さ約20cm、直径約5cmと、太く短いきゅうり。

外内島《とのじま》きゅうり

場 山形県／鶴岡《つるおか》市
食 漬《つ》けもの、酢《す》のもの、冷《ひ》や汁《じる》

長さは12～13cmと短めで、太さは4～5cmのずんぐりとしたきゅうり。水分が多く、ほどよい甘《あま》みとほのかな苦みは生食でも、漬けものでも格別《かくべつ》。栽培者《さいばいしゃ》がたったひとりの時期もありましたが、近年わずかながら増え、昔ながらの鶴岡の味を守っています。

鵜戸川原《うどがわら》きゅうり

場 山形県／酒田《さかた》市
名 酒田きゅうり
食 からし漬《づ》け、ピクルス

江戸《えど》時代から栽培《さいばい》されている品種で、短くずんぐりとした黒いぼきゅうり。淡《あわ》い緑色が特徴《とくちょう》で10cm以下で収穫《しゅうかく》します。

きゅうりはこんなものに似《に》ている

きゅうりの切り口は、京都八坂《やさか》神社の紋《もん》や、徳川家《とくがわけ》の葵《あおい》の紋に似ているため、神仏《しんぶつ》を信仰《しんこう》している人や武士たちが恐《おそ》れ多いと口にしませんでした。そのため、きゅうりがなかなか広まらなかったともいわれています。

●きゅうりの名前の由来《ゆらい》　きゅうりを枝につけたままにしておくと、やがて熟して黄色くなります。その「黄うり」がきゅうりの語源《ごげん》だといわれています。

暑い時期にこそ食べたい生のきゅうり

きゅうりは生で食べることが多く、漬《つ》けものや酢《す》のもの、サラダや冷麺《れいめん》の飾《かざ》りにも使われます。漬けものはぬか漬けのほか、かす漬け、塩漬け、みそ漬け、酢じょうゆ漬けなども。山形の「だし」や宮崎の「冷《ひ》や汁《じる》」も生きゅうりの青々とした香《かお》りを楽しむ郷土《きょうど》料理です。

大和《やまと》三尺《さんじゃく》きゅうり

【場】奈良県/大和郡山《やまとこおりやま》市、奈良市
【食】漬《つ》けもの
明治《めいじ》後期に奈良県で育成された品種で、長さは40cmにも。歯切れのよい食感が好《この》まれ、奈良漬け、浅漬け、ぬか漬け用に栽培《さいばい》されています。

青大《あおだい》きゅうり

【場】愛知県/尾張《おわり》市
【食】酢《す》のもの、サラダ、漬《つ》けもの
大型で長さは30cm、重さは1kgにも。やや円筒形《えんとうけい》でシャキシャキした歯ごたえが魅力《みりょく》です。

高岡《たかおか》どっこ

【場】富山県/高岡市
【名】どっこきゅうり
【食】あんかけ、煮《に》もの、いためもの
「どっこ」とは加賀《かが》地方(石川県)の方言で「太くて短い」という意味。高岡(富山県)は加賀藩《はん》とつながりが深く、「加賀太きゅうり」が導入《どうにゅう》されたものと考えられています。長さが22cm、直径6~7cm、重さ1kgにもなる大型のきゅうり。

加賀《かが》太《ふと》きゅうり

【場】石川県/金沢《かなざわ》市
【食】酢《す》のもの、いためもの
長さ22~27cm、直径6~7cm、重さ約1kgの大型種。福島にあった品種と加賀きゅうりとの自然交雑《しぜんこうざつ》で生まれたとされています。

馬《ま》込《ごめ》半《はん》白《じろ》きゅうり

【場】東京都/大田《おおた》区馬込(現在の北馬込、南馬込)発祥《はっしょう》
【食】漬《つ》けもの
明治《めいじ》三十三年に漬けもの用につくられた品種。果肉《かにく》が緻密《ちみつ》で、ぬか漬けによい。

毛《け》馬《ま》きゅうり

【場】大阪府/大阪市都島《みやこじま》区
【名】手間胡瓜《てまきゅうり》
【食】漬《つ》けもの、生食、いためもの、酢《す》のもの
大阪市毛馬町が起源《きげん》とされる黒いぼきゅうり。約30cmと細長く、先のほうには独特の苦みがあります。

●かっぱの好物《こうぶつ》　きゅうり巻きのことをかっぱ巻きとよびますが、きゅうりはかっぱの好物《こうぶつ》といわれています。どんないわれがあるのでしょう?

まくわうり・その他のうり

夏においしいまくわうりもゴーヤーもうりの仲間です

日本で古くから栽培《さいばい》されているまくわうりはメロンの仲間です。メロンは大きく分けると東洋系《とうようけい》と西洋系《せいようけい》があり、まくわうりは東洋系のメロン。一方、プリンスメロンやマスクメロンは西洋系です。メロンの原産地《げんさんち》ははっきりとわかっていませんが、東アフリカあたりと考えられています。まくわうりが中国経由《けいゆ》で日本に伝わったのは弥《や》生《よい》時代、西洋メロンがヨーロッパから入ってきたのは明治《めいじ》時代といわれています。

うりの仲間は種類が多く、そのほとんどが暑い時期に収穫《しゅうかく》されます。水分が多いため、生で食べて、のどの乾《かわ》きをうるおしていました。

まくわうり

場 岐阜県／本巣《もとす》市
食 生食

全国で広く栽培《さいばい》されていますが、岐阜県真桑村《まくわむら》(現本巣市)が原産地《げんさんち》といわれています。甘《あま》みが強く、織田信長《おだのぶなが》や朝廷《ちょうてい》にも献上《けんじょう》されました。

金俵《きんぴょう》まくわうり

場 愛知県／江南《こうなん》市、安城《あんじょう》市
食 生食

明治《めいじ》時代に愛知県で作られ、尾張名物《おわりめいぶつ》のまくわうりとして広く栽培《さいばい》されました。皮が黄金色《こがねいろ》で美しく、果肉《かにく》は白くて甘《あま》い。

ナーベラー（へちま）

場 沖縄県
食 ナーベラー・ンプシー（みそ煮《に》）

大きくなる前、20㎝ほどの未熟果《みじゅくか》を食べます。トロリとした食感と甘《あま》みが好《この》まれています。

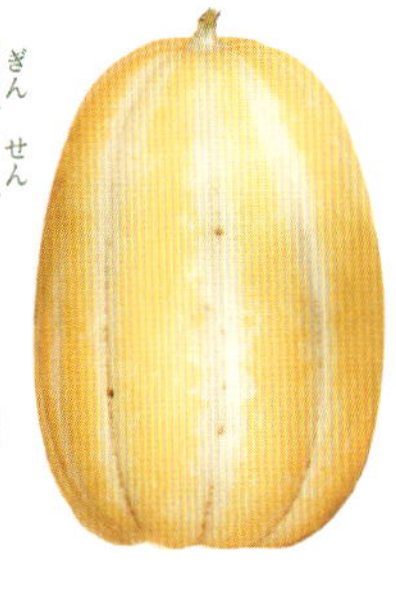

銀《ぎん》泉《せん》まくわ

場 富山県
名 あまうり
食 生食

俵形《たわらがた》のまくわうりで、縦《たて》に白い線が入っているのが特《とく》徴《ちょう》。果肉《かにく》は歯切れがよく、甘《あま》みが強い品種です。

真《ま》渡《わた》瓜《うり》

場 福島県／会津《あいづ》地方
食 生食

大正《たいしょう》時代から北会津村真渡《まわた》地区で栽培《さいばい》されてきた品種。完熟《かんじゅく》すると果皮《かひ》が銀色になり、よい香《かお》りになるのが特徴《とくちょう》。

メロンやすいかはくだもの？ 野菜？

野菜やくだものをきちんと定義《ていぎ》することは大変難しいのですが、日本の農林水産省《のうりんすいさんしょう》は、田や畑で栽培《さいばい》される一年生《いちねんせい》の植物（草本性《そうほんせい》）で食用になるものを野菜とし、木（果樹《かじゅ》）になるものをくだものとしています。メロンやすいかは畑で作る一年草[*]なので野菜ですが、くだもののように食べているので、「くだもの的野菜」と分類されています。

＊一年草の植物とは　種まきから１年以内に花を咲《さ》かせ、枯《か》れてしまう草のこと。これに対して２年以上生き続けるものを多年草といいます。

うりの仲間は漬《つ》けものが得意《とくい》

しろうりや、はぐらうりは、漬けものとしてよく食べられます。大型のとうがんやゆうがお、へちまは煮《に》ものやいためものにも向いています。ゴーヤー（つるれいし・にがうり）のいためもの（チャンプルー）は沖縄の郷土《きょうど》料理です。

ペッチン瓜《うり》

場 兵庫県
名 池田《いけだ》ぺっちん
食 漬《つ》けもの、生食

淡《あわ》い黄色の果肉《かにく》は、トロッとメロンのような食感と香《かお》りがあります。ベッチンとは、布のビロードのことで、滑《なめ》らかな食感を表したものです。

モーウィ（赤毛瓜《あかげうり》）

場 沖縄県
食 味噌煮《みそに》、酢《す》のもの

皮は赤くかたいが、実はシャキシャキとした食感。夏に保存《ほぞん》性《せい》がある野菜として好《この》まれました。

さつま大長《おおなが》レイシ

場 鹿児島県
名 にがごい
食 油いため、卵とじ、酢《す》のもの

昭和《しょうわ》初期には鹿児島県内で栽培《さいばい》されるように。実は細長く、ゴーヤーよりも苦《にが》みが強い。

ゴーヤー（つるれいし）

場 沖縄県
名 にがうり
食 チャンプルー、天ぷら

琉球《りゅうきゅう》王国だったころから栽培《さいばい》されています。苦味《にがみ》は暑い時期にも食欲《しょくよく》を刺激《しげき》して、夏バテを防《ふせ》ぎます。

玉造黒門越瓜《たまつくりくろもんしろうり》

場 大阪府／大阪城の玉造門《たまつくりもん》付近《ふきん》発祥
食 漬《つ》けもの

濃緑《こみどり》色で、8～9本の白い縦じまが特徴《とくちょう》。長さ約3㎝、太さ約10㎝ほど、果皮《かひ》がかたく果肉《かにく》が厚いので、奈良漬けにされます。

はぐらうり

場 千葉県／成田《なりた》市、市原《いちはら》市、君津《きみつ》市
食 漬《つ》けもの、和《あ》えもの

やわらかいので、歯がぐらついている人でも食べられることから、この名がつきました。

ゆうごう

場 新潟県／長岡《ながおか》市
食 鯨汁《くじらじる》、冷《ひ》や汁《じる》、あんかけ

ゆうがおの実のこと。大きいものは長さ80㎝にもなります。

はやとうり

場 鹿児島県
名 せんなりうり
食 漬《つ》けもの、いためもの、煮《に》もの、あえものなど

中南米原産《ちゅうなんべいげんさん》ですが、大正《たいしょう》時代に鹿児島で栽培《さいばい》が始まりました。クセがなく、さまざまな料理に使えます。

●メロンの編《あ》み目　メロンの実が大きくなるときに外側の皮がさけてひびが入り、それがかさぶたのようにかたまって編み目ができます。編み目のあるメロンをネットメロンといいます。

とうがらし・ピーマン

とうがらし 旬 6月～10月
ピーマン 旬 6月～10月

月	とうがらし	ピーマン
1		
2		
3		
4		
5		
6	旬	旬
7	旬	旬
8	旬	旬
9	旬	旬
10	旬	旬
11		
12		

とうがらしは辛《から》み種《しゅ》 ピーマンは甘《あま》み種 そのルーツは同じです

とうがらしは中南米《ちゅうなんべい》が原産《げんさん》だといわれています。15世紀、コロンブスがスペインに持ち帰ったことから世界中に広がり、16世紀にはインドや中国、日本にもやってきました。とうがらしには強い辛みがあり、料理に風味《ふうみ》を加える香辛料《こうしんりょう》として使われています。

ヨーロッパに伝来《でんらい》後、とうがらしの品種改良《ひんしゅかいりょう》が行われ、辛みが全くないものが生まれました。それが、ピーマンやパプリカなどの甘み種といわれる品種で、野菜として食べられています。日本にピーマンが入ってきたのは明治《めいじ》時代初期ですが、昭和《しょうわ》30年以降西洋《せいよう》料理が一般に広まるまでは、あまり人気《にんき》がありませんでした。

コーレーグース

場 沖縄県
名 島唐辛子《しまとうがらし》
食 調味料《ちょうみりょう》
実は小さく、泡盛《あわもり》に漬《つ》けて調味料として使われています。

ぼたんこしょう

場 長野県／中野《なかの》市
名 ぼたごしょう
食 丸焼き、こしょうみそ、煮《に》ものなど
ピーマンのように見えますがとうがらしです。牡丹《ぼたん》の花にも見えることから名づけられました。形がいびつであるほど辛《から》いそうです。

あじめこしょう

場 岐阜県／中津川《なかつがわ》市
食 若採《わかど》りは生食、完熟《かんじゅく》は香辛料《こうしんりょう》として
江戸《えど》初期からの栽培《さいばい》。そのころは、とうがらしをこしょうともよび、地元の名物《めいぶつ》の「あじめドジョウ」にも似《に》ているので、この名前になったそうです。

神楽南蛮《かぐらなんばん》

場 新潟県／長岡《ながおか》市
食 みそいため、煮《に》びたし、南蛮みそ、たたき
江戸《えど》前期にヨーロッパから伝わったとされ、ゴツゴツした形が神楽《かぐら》の面に似《に》ていることからこの名前がつきました。ほどよい辛《から》みがあります。

「なんばん」も「こしょう」も とうがらしのこと

とうがらしは「唐《とう》」（＝外国）から来た「からし」という意味。「南蛮《なんばん》」（＝ポルトガルなど）からもたらされたので「南蛮がらし」や「なんばん」というよび名もあります。九州や長野などの一部の地域では「こしょう」とよんでいます。地域ごとに少しずつ違《ちが》うよび名が残っています。

●インドの子どもは辛《から》いのが平気《へいき》？ インドや韓国《かんこく》などでは、子どもたちも辛い料理をよく食べています。小さいころから食べなれているので、辛さをあまり感じないのでしょう。

とうがらしを使った暮《く》らしの知恵《ちえ》

とうがらしの辛《から》み成分は、血行をよくするので、寒い時期に靴《くつ》の中にとうがらしを入れるとぽかぽかします。また、虫が近寄りにくくなることから、乾燥《かんそう》とうがらしを米びつに入れておく習慣《しゅうかん》もあります。

万願寺《まんがんじ》とうがらし

場 京都府
名 万願寺甘《あま》とう
食 焼きもの、煮《に》もの、あげもの
大正《たいしょう》末期に、伏見《ふしみ》唐辛子とピーマンの間にできた品種だといわれています。

ひもとうがらし

場 奈良県
名 みずひき唐辛子《とうがらし》
食 いためもの、天ぷら、煮《に》びたしなど
ひものように細長い品種。やわらかで甘《あま》みがあります。

伏見《ふしみ》とうがらし

場 京都府
名 ひもとう、伏見甘《あま》
食 焼きもの、煮《に》もの、天ぷら
辛《から》みのないとうがらし。長いものは、20㎝くらいになります。古くから伏見付近で栽培《さいばい》されてきました。

清水森《しみずもり》なんば

場 青森県／弘前《ひろさき》市
名 弘前在来《ざいらい》
食 焼きもの、いためもの、一升漬《いっしょうづ》け
辛《から》みがほとんどない品種。米こうじやしょうゆと混ぜて調味料《ちょうみりょう》としても使われます。

ひしの南蛮《なんばん》

場 長野県／小諸《こもろ》市
食 しょうゆ煮《に》、天ぷら、みそいためなど
戦前に朝鮮《ちょうせん》半島から持ちこまれたといわれます。卵の半分ほどの小型品種《こがたひんしゅ》で、甘《あま》みと苦みの混じった独特の味です。

●かんちがい　コロンブスはもともとインドをめざし、そこでこしょう（＝ペパー）を手に入れようとしていました。そのため、アメリカ大陸に着いたコロンブスは、とうがらしをこしょうの一種とかんちがいしたと言われています。

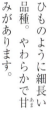

京都の伝統《でんとう》野菜《やさい》

多くの寺社《じしゃ》がある千二百年の都《みやこ》食の文化は、野菜からはじまりました

大きな都の周辺には、その人口を支《ささ》えるための農業が栄《さか》えました。京の都は、海から遠く、新鮮《しんせん》な海産物《かいさんぶつ》は貴重《きちょう》。寺社の精進料理《しょうじんりょうり》、茶道《さどう》の懐石料理《かいせきりょうり》などの発達とともに、さまざまな野菜が全国から集まり、その環境にあった野菜が改良《かいりょう》されてきました。

京都には、鴨川《かもがわ》の水と豊富《ほうふ》な地下水《ちかすい》で豊かな土がうまれました。周囲を山にかこまれ、強い季節風《きせつふう》のない穏《おだ》やかな風。そして、盆地《ぼんち》特有《とくゆう》の冬の厳《きび》しい冷えこみと、夏の猛暑《もうしょ》は、野菜にすぐれた風味《ふうみ》をあたえたのです。

京の伝統野菜《でんとうやさい》の定義

（京都府による）

1 明治以前に導入《どうにゅう》され、今も京都府内で作られているもの。
2 たけのこを含《ふく》む。ただし、きのことシダ類は含まない。
3 現在、栽培《さいばい》されているもの、あるいは保存されているもの。また、絶滅《ぜつめつ》した品種も含む。

みず菜《な》

場 京都市内全域
名 京菜《きょうな》、ひいらぎ菜、千《せん》すじ菜、糸菜《いとな》など
食 おひたし、なべもの、サラダ

古くから京都の九条《くじょう》・東寺《とうじ》あたりで、肥料《ひりょう》を使わず水だけで栽培《さいばい》されたためこの名がつきました。みず菜とくじら肉を使った「はりはりなべ」は関西でよく食べられてきましたが、最近ではくじらの代わりにほかの肉を使うことが多くなりました。

壬生菜《みぶな》

場 京都市内全域
食 おひたし、なべもの、漬《つ》けもの

みず菜の変種《へんしゅ》として生まれた菜《な》っ葉《ぱ》。ほのかな辛《から》みがあって、葉の形から「丸葉《まるば》」ともよばれます。

山科《やましな》なす

場 京都市山科区《やましなく》勧修寺《かじゅうじ》
食 焼きなす、天ぷら、田楽《でんがく》、にしんなす

山科区で古くから作られている長《ちょう》卵形《らんけい》のなす。身欠《みが》きニシンといっしょに煮《に》た「にしんなす」は定番《ていばん》のおばんざい（＝おそうざい）です。

桂《かつら》うり

場 京都市西京区《にしきょうく》上桂《かみかつら》
食 漬《つ》けもの

大型のうりで、なめらかで香《かお》りのよい果肉《かにく》は漬けものにぴったり。浅漬け、ぬか漬け、奈良漬けに。

京《きょう》たけのこ

場 京都市西京区《にしきょうく》、伏見区《ふしみく》
食 若竹煮《わかたけに》、木の芽《め》あえ、たけのこご飯

西山《にしやま》地域で生産されるものは、やわらかくて色白で、特に品質がすぐれていると評《ひょう》されています。

●はりはりなべ　みず菜《な》のシャキシャキとした歯ごたえから「はりはり」の名前がつきました。みず菜をたっぷりと食べるためのなべなのですね。

大阪の伝統《でん》《とう》野《や》菜《さい》

江戸《えど》時代「天下《てんか》の台所《だいどころ》」とよばれた大阪 古くからの食文化のなかに独特の野菜が

大阪の中心、河内《かわち》平野は、古くは淡水《たんすい》と海水が入り混じる湖。その後、淀川《よどがわ》や大和川《やまとがわ》による土砂《どしゃ》が堆積《たいせき》し、農業に適《てき》した土壌《どじょう》が作られていきました。

海運業《かいうんぎょう》のさかんだった大阪には、全国からさまざまな物資《ぶっし》が集まりました。天下の台所とは、家にたとえると、食材だけでなく家財《かざい》物資が一番多い場所という意味です。おいしい食材も集まり、独特の食文化が発達。大阪湾を望む、温暖《おんだん》な気候で、野菜栽培《さいばい》がさかんにおこなわれました。

大阪市なにわの伝統野菜《でんとうやさい》の定義《ていぎ》

（大阪府による）

1 大阪市内で約 100 年以上前から栽培《さいばい》されていたもの。
2 現在も大阪市内で作られているもの。
3 種が手に入るもの。

吹田《すい》《た》くわい

場 吹田市
名 まめくわい、姫《ひめ》くわい
食 煮《に》もの、からあげ

江戸《えど》時代以前から、吹田市に自生《じせい》していた、こぶりのくわい。「芽《め》が出る」ようすから縁起《えんぎ》ものとしてお正月料理に使われます。

大阪しろな

場 大阪市住吉《すみよし》区、東住吉区
名 天満菜《てんまな》
食 煮《に》もの、あえもの、汁の具、漬《つ》けもの

江戸《えど》時代から栽培《さいばい》され続けている在来《ざいらい》の漬け菜《な》。発祥《はっしょう》は大阪市の天《てん》満橋《まばし》、天神橋《てんじんばし》付近《ふきん》。アクやクセがなく、あっさりした食味《しょくみ》、シャキシャキの食感が特徴《とくちょう》。「シロナとあげさんのたいたん」は、大阪の代表的なおばんざいの一つ。

泉州《せんしゅう》黄《き》たまねぎ

場 岸和田《きしわだ》市、貝塚《かいづか》市、泉佐野《いずみさの》市、泉南《せんなん》市、田尻町《たじりちょう》
食 生食、煮《に》もの、いためもの

明治《めいじ》時代から作られている黄色たまねぎ。みずみずしくて甘《あま》みが強いのが特徴《とくちょう》。

碓井《うすい》えんどう

場 羽曳野《はびきの》市碓井
食 ゆで、豆《まめ》ご飯

アメリカから持ちこんだ品種で、明治《めいじ》時代から栽培《さいばい》されている、むきみ用えんどう。

●船場汁《せんばじる》　大阪市中央区にある船場で生まれた船場汁は、サバなどの魚とたくさんの野菜を入れてしょうゆ味で煮《に》こんだ汁もの。忙《いそが》しい大阪人が好《この》む、まさに大阪の味です。

えだまめ・大豆《だいず》

えだまめ 旬 5月～9月
大豆 旬 10月～11月

	えだまめ	大豆
1		
2		
3		
4		
5	旬	
6	旬	
7	旬	
8	旬	
9	旬	
10		旬
11		旬
12		

えだまめは江戸《えど》時代のおやつ代わり

大豆《だいず》は豆《まめ》として食べるだけでなく、しょうゆ、みそ、納豆《なっとう》、豆腐《とうふ》などの原料でもあり、日本人の食生活に欠《か》かすことができません。中国で生まれた大豆は、縄文《じょうもん》時代の日本ですでに栽培《さいばい》されており、長い歴史がある作物《さくもつ》です。

大豆が熟《じゅく》す前の若いうちに収穫《しゅうかく》したものが、えだまめです。平安《へいあん》時代にはえだまめを食べていたという記《き》録《ろく》もありますが、一般の人々が夏の夕涼《ゆうすず》みをしながらつまむようになったのは、江戸《えど》時代になってからのことです。当時は、枝《えだ》つきでゆでたえだまめを売り歩く「えだまめ売り」が町を流していました。

だだちゃ豆

場 山形県／鶴岡《つるおか》市
食 ゆで、ずんだ、みそ汁
さやが褐色《かっしょく》で香《かお》りがよく、豆は2粒《つぶ》と決まっているようです。

だだちゃ豆の話

山形県鶴岡《つるおか》市周辺で昔から作られてきたえだまめで、香《かお》りがよく甘《あま》みが強いのが特徴《とくちょう》。だだちゃとは「おとうさん」の意味で、その昔、えだまめ好きなお殿様《とのさま》が毎日えだまめを食べては、「今日はどこのだだちゃの豆か？」（どこのお父さんが育てた豆か？）と聞いたことに由来《ゆらい》するといわれています。

あけぼの大豆《だいず》

場 山梨県／南巨摩《みなみこま》郡曙《あけぼの》地区
名 十六寸《とおろくすん》
食 豆腐《とうふ》、みそ、えだまめ
明治《めいじ》時代に関西から入った品種。10粒《つぶ》ならべると6寸（約18cm）にもなるほど大粒で「十六寸《とおろくすん》」とよばれます。

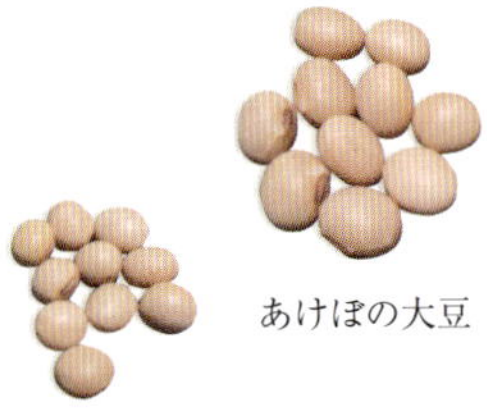

あけぼの大豆

一般的な大豆

丹波黒大豆《たんばくろだいず》

場 兵庫県／丹波《たんば》地方
食 ゆで、煮豆《にまめ》（乾物《かんぶつ》）
丹波地方で古くから栽培《さいばい》されている黒大豆（黒豆《くろまめ》）。大粒《つぶ》で丸く、若採《わかど》りしたものがえだまめ、完熟《かんじゅく》したものが乾物で、正月の煮豆用として最高級といわれています。

黒豆《くろまめ》はおせち料理の定番《ていばん》

黒豆を砂糖《さとう》としょうゆで煮《に》た煮豆《にまめ》はおせち料理に欠《か》かせません。「達者《たっしゃ》でマメに暮《く》らせるように」と、縁起《えんぎ》をかついでいるのです。

かおり枝豆《えだまめ》

場 福島県／会津《あいづ》地方
食 ゆで、ずんだ
ゆでたての香《かお》りがよいえだまめ。さやが大きく、甘《あま》みもあり大粒《おおつぶ》な品種。

肴豆《さかなまめ》

場 新潟県／長岡《ながおか》市
食 ゆで、ひたし豆にも
香《かお》りが強く、味のいいえだまめ。お酒が飲みたくなるほどおいしいという名前。9月下旬のほんの10日間ほどだけ出まわります。

●あぜ豆　昔から田んぼのあぜにえだまめを植えていたので、「あぜ豆」とよぶ地域もあります。

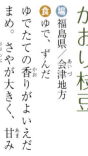

えだまめを使った郷土《きょうど》料理

ゆでたえだまめをつぶしたものを「ずんだ」あるいは「づんだ」「じんだ」とよび、東北地方を中心に食べられています。ずんだには甘《あま》いものと塩味のものがあります。山形ではさやごとみそ汁に入れ、北海道ではゆでたえだまめをさやごと塩水《しおみず》に漬《つ》けた「豆づけ」という漬けものがあります。

三河島枝豆《みかわしまえだまめ》

場 東京都／現在の荒川区荒川《あらかわ》

食 ゆで

東京の野菜《やさい》産地である三河島に、昔からあった大豆《だいず》品種。枝数《えだかず》が多く、一さやに3粒《つぶ》そろってつく特性があります。荒川《あらかわ》下流の沖積土《ちゅうせきど》は、栽培《さいばい》に適《てき》していました。戦後は農地の消《しょう》滅《めつ》で、栽培がとぎれていたようです。

のりまめ

場 福島県／いわき市田人町荷路夫《たびとまちにちぶ》地区

食 豆《まめ》もち

青大豆《あおだいず》の一品種。食べた時の風味《ふうみ》が、「海苔《のり》」に似《に》ていることからこの名でよばれますが、皮の模様《もよう》が馬の鞍《くら》に見えることから、鞍掛豆《くらかけまめ》とも。大豆の形をとどめた豆もちにして、その風味を楽しみます。

さとまめ

場 福島県／いわき市田人町荷路夫《たびとまちにちぶ》地区

食 甘納豆《あまなっとう》、豆腐《とうふ》、みそ

赤茶色で、中は黄色い栗《くり》のような色。大豆《だいず》に近い品種だともいわれますが、系統《けいとう》は不明となっています。

水前寺《すいぜんじ》もやし

場 熊本県／江津湖《えづこ》

食 雑煮《ぞうに》

暖かい湧《わ》き水を利用して冬の間だけ栽培《さいばい》される大型もやし。縁起物《えんぎもの》野菜として、正月の雑煮に利用されます。

津久井在来大豆《つくいざいらいだいず》

場 神奈川県／相模原《さがみはら》市

食 みそ、豆腐《とうふ》、納豆《なっとう》、きな粉《こ》

山間《やまあい》の農家で、自家用《じかよう》みそのための大豆として栽培《さいばい》が続けられていた品種。大粒《おおつぶ》で、甘《あま》みと深いコクがあるのが特徴《とくちょう》です。

小平方茶豆《こひらかたちゃまめ》

食 新潟県／小平方地区

場 ゆで

山形県鶴岡《つるおか》市の茶豆《ちゃまめ》を栽培《さいばい》したのが始まり。香《かお》りと風味《ふうみ》がよく、朝もぎ豆は特に人気《にんき》。

大鰐温泉《おおわにおんせん》もやし

場 青森県

食 いためもの、おひたし、みそ汁の実

夏の間に栽培《さいばい》した在来《ざいらい》の大豆《だいず》を使って冬だけ作られる豆もやし。温泉の熱を利用し、土を使って栽培する。温泉をかけて育てるため、約1週間で収穫《しゅうかく》できる。

●大豆《だいず》には霊力《れいりょく》がある？　日本では強い霊力を宿《やど》すといわれ、祭などの行事に使われてきました。節分《せつぶん》の豆まきや、おせち料理の黒豆《くろまめ》は、そういう風習《ふうしゅう》のなごりなのです。

さやいんげん・ささげ 旬 6月〜9月
さやえんどう 旬 4月〜6月
いんげんまめ 旬 10月〜11月

さやいんげんまめ・さやえんどう・ささげ・いんげんまめ

成長途中《とちゅう》の豆《まめ》をさやごと食べます　乾燥《かんそう》豆《まめ》は保存《ほぞん》食《しょく》に

煮豆《にまめ》や和菓子《わがし》などに利用するいんげんまめには、あずきや金時豆《きんときまめ》、とらまめなど、たくさんの種類があります。いんげんまめを若いうちに収穫《しゅうかく》し、さやごと食べるのがさやいんげんです。さやえんどうも、えんどうまめを若いうちに収穫したもので、さやごと食べます。

いんげんまめが日本に伝わったのは江戸《えど》時代のこと。当時は、さやの中の若い豆だけを食べていましたが、明治《めいじ》時代の初めに、ヨーロッパからさやがやわらかい品種が入ってきたので、さやごと食べるようになりました。えんどうまめは古くから伝わってはいたものの、日本でさかんに栽培《さいばい》されるようになったのは明治時代以降《いこう》のようです。

幅広《はばひろ》いんげん

場 群馬県／吾妻《あがつま》郡中之条《なかのじょう》町入山《いりやま》地区（旧六合《きゅうくに》村）
食 煮《に》もの
大正《たいしょう》時代から栽培《さいばい》されてきた、すじのない平《ひら》さや幅広いんげん。

漆野いんげんの甘煮《あまに》

漆野《うるしの》いんげん

場 山形県／最上《もがみ》地方金山町《かねやままち》漆野
食 煮豆《にまめ》（乾物《かんぶつ》）、おひたし（未熟豆《みじゅくまめ》）
さやごと収穫《しゅうかく》し乾燥《かんそう》させますが、やわらかいため、さやごと水で戻《もど》して煮ることができます。

ささげとは？

いんげんまめとよく似《に》ていますが、ささげは別の種類の豆です。煮《に》ても皮がやぶれないので、お祝い用の赤《せき》飯《はん》を作るときに使われます。名前の由来《ゆらい》は、さやが上を向いてつくようすが、人がものをささげている姿《すがた》に似ているから、という説や、「細細《ささ》牙《げ》」細い牙《きば》のようなので「細細牙」とよんだ、という説があります。

いんげんとえんどうはふるさとが違《ちが》います

いんげんまめが生まれたのは、中南米《ちゅうなんべい》メキシコのあたり。ヨーロッパを経由《けいゆ》して中国から伝わりました。一方、えんどうまめは地中海沿岸《えんがん》の生まれで、中国から日本へ入ってきました。

●いんげんまめの名前の由来《ゆらい》　いんげんまめは、江戸《えど》時代のお坊《ぼう》さんである隠元禅師《いんげんぜんじ》によって中国から日本へ伝わったと言われています。しかし、それは別の豆だったという説もあります。

豆《まめ》の名前

えんどうまめは、「二度豆」「三度豆」「さんどなり」「よどまめ」「三月まめ」「ゆきわり」「ぶんどうまめ」「のらまめ」など、地域ごとにたくさんの名前を持っています。また、いんげんまめを「三度豆」「二度豆」とよぶところもありますし、「ささげ」とよぶところもあります。豆のよび名は地域によって、かなり違《ちが》います。

あきしまささげ

場 岐阜県／高山《たかやま》市
名 土用《どよう》ささげ
食 ごま和《あ》え、天ぷら

秋になると、さやの紫模様《むらさきもよう》も鮮《あざ》やかに。しかし、加熱《かねつ》すると緑色になります。

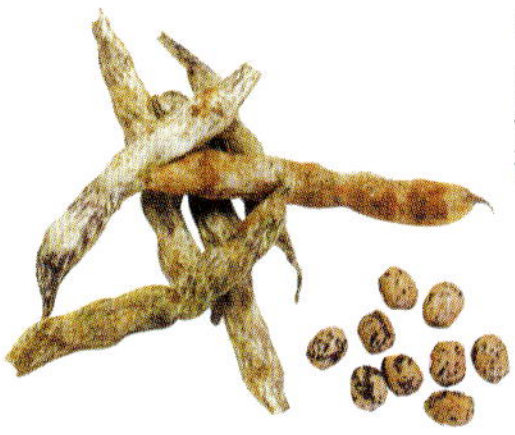

桑《くわ》の木《き》豆《まめ》

場 岐阜県／山県《やまがた》市
食 煮豆《にまめ》、揚《あ》げもの

養蚕《ようさん》用の桑の木の根元で栽培《さいばい》した、いんげんまめ。干《ほ》したものをさやごと水で戻《もど》すのが特徴《とくちょう》。

紅《べに》花《ばな》いんげん

場 山梨県／北杜《ほくと》市須玉町《すたまちょう》や高根町《たかねちょう》
食 煮豆《にまめ》、若さやは煮《に》ものや和《あ》えものに

夏でも涼《すず》しい地域で栽培《さいばい》されてきた品種。若さやを野菜として食べることも。

親《おや》孝《こう》行《こう》豆《まめ》

場 福島県／いわき市大久町《おおひさまち》大久地区、田人町荷路夫《たびとまちにちぶ》地区
食 ゆで、天ぷら／さやいんげん、煮豆《にまめ》、甘納豆《あまなっとう》（乾燥《かんそう》豆）

「若いさやでも完熟《かんじゅく》豆でも食べられる、親孝行な豆だ」ということから、この名がつきました。うずらまめと同一種だと考えられています。

十《じゅう》六《ろく》ささげ

場 岐阜県／羽島《はしま》市、本巣《もとす》市
名 十六大角豆《じゅうろくささげ》
食 おひたし、煮《に》もの

さやに16粒《つぶ》の豆《まめ》があることから、こうよばれます。いんげん豆よりやわらかい。

うすいえんどう

場 和歌山県／日高《ひだか》地方
名 紀州《きしゅう》うすい
食 豆《まめ》ご飯、卵とじ、天ぷらなど

大正《たいしょう》時代から栽培《さいばい》されている。グリーンピースと比《くら》べ粒《つぶ》が大きく甘《あま》みがあります。

●よび名が変わる？　さやえんどうの中で十分育った豆《まめ》は、生のときはグリーンピース、乾燥《かんそう》するとえんどうまめとなります。

そらまめ・その他の豆《まめ》

そらまめは上向きのさやの中に大きな豆《まめ》が入っています

そらまめは世界最古《さいこ》の作物《さくもつ》のひとつで、日本に伝わったのも古く、8世紀にインドの僧《そう》が持ちこんだとも言われています。秋に種をまき、初夏《しょか》に収穫《しゅうかく》するそらまめは、米作りの裏作《うらさく》として作られていました。名前の由来《ゆらい》は、さやが空に向かうように上向きにつくから。実が熟《じゅく》すにつれ、さやは下を向きます。ヨーロッパのそらまめはさやが長く、中に6〜7粒《つぶ》の豆が入っていますが、日本のものはさやが短く、粒の大きな豆が2〜3粒入っています。若い豆はゆでて食べ、おたふく豆とよばれる乾燥豆《かんそうまめ》は、煮豆《にまめ》や甘納豆《あまなっとう》にしていただきます。

そらまめの旬《しゅん》は短い

そらまめは初夏《しょか》がやってきたことを告《つ》げる食べものです。出まわる時期はとても短く、わずか半月ほど。あっという間に野菜売り場から姿《すがた》を消してしまうので、食べそびれてしまうこともあります。また、そらまめは収穫《しゅうかく》するとどんどん鮮度《せんど》が落ちてしまう野菜で、「おいしいのは3日間だけ」とも言われます。手に入れたらすぐに調理《ちょうり》しましょう。

そらまめにはたくさんの名前があります

蚕《かいこ》を飼《か》う時期に実るから、とか、さやの中にあるわたが蚕のまゆに似《に》ているから、という理由で「蚕豆《かいこまめ》」とよばれることもあります。また、豆の大きさが一寸《いっすん》（約3㎝）くらいなので一寸豆《いっすんまめ》ということもあります。地域によって別のよび名もあり、「唐豆《とうまめ》」（九州）、「夏豆《なつまめ》」（中国、東海、近畿《きんき》）、「四月豆」（四国）、「五月豆」（静岡）、「雪割豆《ゆきわりまめ》」（千葉）など、栽培《さいばい》時期の違《ちが》いが名前に現《あらわ》れています。

武庫《むこ》一寸《いっすん》そらまめ

場 兵庫県／尼崎市《あまがさきし》武庫
名 富松一寸《とまついっすん》そらまめ、尼一寸《あまいっすん》
食 塩ゆで、煮豆《にまめ》、かき揚《あ》げ、いためものなど

奈良《なら》時代、インドから来た僧《そう》が修行僧行基《ぎょうき》にあたえた豆《まめ》が始まりだといわれます。大粒《おおつぶ》の豆が2〜3粒入っています。

さぬき長さや空豆《そらまめ》

場 香川県
食 ゆで、しょうゆ豆、押《お》し抜《ぬ》き寿司《すし》

明治《めいじ》時代から栽培《さいばい》され、四国で発達したそらまめで、長いさやに小粒《こつぶ》な豆《まめ》が5〜6粒入っています。ゆでたそらまめと春の魚サワラや卵焼きなどをすし飯にのせた押し抜き寿司は、代表的な郷土《きょうど》料理です。

●しょうゆ豆《まめ》　香川県の郷土《きょうど》料理「しょうゆ豆」は、乾燥《かんそう》したそらまめを炒《い》って熱いうちに、甘《あま》いしょうゆに漬《つ》けこんでおいたもの。おかずやお茶受けの定番《ていばん》です。

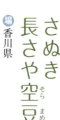

手間《てま》がかからない人気《にんき》の作物《さくもつ》でした

豆《まめ》は栽培《さいばい》に手がかからず、その上、栄養価《えいようか》が高いので、今のように食生活が豊かではなかった時代には、大変重要な食べものでした。その土地の気候や土質にあった、さまざまな種類の豆が栽培《さいばい》されてきました。中でも、千葉の落花生《らっかせい》や、北陸のつるまめは特産野菜となっています。

落花生《らっかせい》

場 千葉県
食 いり、ゆで、ピーナッツバター、落花生みそ

南米《なんべい》が原産《げんさん》ですが、古くから世界各地に広まりました。中国を経由《けいゆ》し江戸《えど》時代にわたってきたことから「南京豆《なんきんまめ》」とよばれるようになりました。本格的な栽培《さいばい》は明治《めいじ》時代になってからです。千葉県のほか、愛知県や、九州など、温暖《おんだん》な地域で広く栽培されています。戦後、栄養価《えいようか》の高い食品として、注目《ちゅうもく》されるようになりました。

落花生《らっかせい》みそ

食料が少ない時代に落花生は大切な食べものでした。よくいった落花生に甘《あま》いみそをからめて練《ね》り上げた落花生みそは、保存食《ほぞんしょく》でもあり、千葉県の人々にとって、なくてはならないふるさとの味なのです。

ナタ豆《まめ》

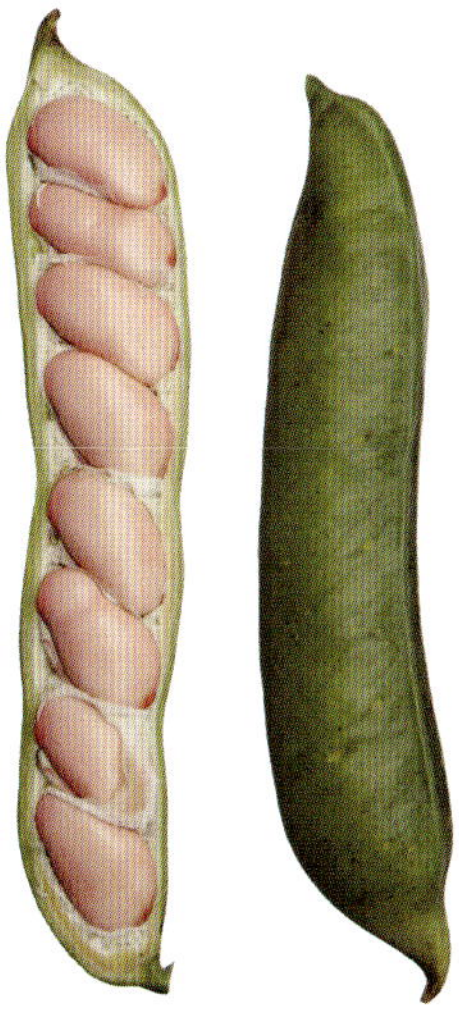

場 鹿児島県
食 お茶、漬《つ》けもの

江戸《えど》時代のはじめのころに、中国から日本に持ちこまれましたが、中国の青龍刀《せいりゅうとう》に似《に》ているところから「刀豆《なたまめ》」と名づけられたようです。さやはとても大きく、30～50cmほどになります。漢方薬《かんぽうやく》の材料として用《もち》いられてきました。

しかくまめ

場 沖縄県
名 うりずん豆《まめ》
食 煮《に》もの、いためもの、天ぷら

沖縄の夏の野菜不足《ぶそく》を解消《かいしょう》するために、80年代に栽培《さいばい》されるようになった新しい野菜です。「うりずん」ともよばれます。沖縄の方言で新緑《しんりょく》の季節を意味し、草木萌《くさきも》え出る（芽吹《めぶ》く）時の美しい薄緑《うすみどり》色をさしています。

加賀《かが》つるまめ

場 石川県／金沢市《かなざわ》
名 だらまめ、八升豆《はっしょうまめ》、トウマメ、源氏豆《げんじ》
食 和《あ》えもの、煮《に》もの、天ぷら

さやの豆が若いときに収穫《しゅうかく》。京都の「ふじまめ」富山・愛知・岐阜の「千石豆《せんごくまめ》」と同じ品種です。

●落花生《らっかせい》はナッツ？　別名はピーナッツですが、木の実（ナッツ）ではありません。ナッツのように味が濃《こ》い豆《まめ》（英語でピー）なので、そうよばれるように。

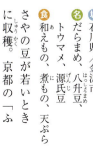

加賀《かが》の伝統《でんとう》野菜《やさい》

城下町《じょうかまち》として栄《さか》えた金沢《かなざわ》には工芸品とともに、季節の野菜を使った食文化が残っています

石川県一帯は、江戸《えど》時代、加賀藩《はん》が置かれていました。加賀百万石《ひゃくまんごく》の大名前田家《だいみょうまえだけ》の城下町であった金沢《かなざわ》は、加賀友禅《ゆうぜん》、和菓子《わがし》、工芸品など伝統的《でんとうてき》な文化が残る町です。京都に近いことや、江戸時代には北前船《きたまえぶね》の経由地《けいゆち》であったために、食文化も加賀料理として発展しました。北陸《ほくりく》の澄《す》んだ水と雨の多い気候、粘土質《ねんどしつ》の土壌《どじょう》が、昔から独特の野菜をたくさん育《はぐく》んできました。

加賀《かが》野菜の定義《ていぎ》
(金沢《かなざわ》市農産物ブランド協会による)

昭和20年以前から栽培《さいばい》され、現在も主として金沢で栽培されている野菜。

金沢《かなざわ》一本太《いっぽんぶと》ねぎ

場 金沢市金城《きんじょう》地区、富樫《とがし》地区

食 すき焼き、なべもの、ぬた

白い部分が太くて長い根深《ねぶか》ねぎ。すき焼きや鍋《なべ》ものにすると、甘《あま》くてやわらかく、ぬめりがあるのが特徴《とくちょう》です。

へたむらさきなす

場 金沢《かなざわ》市崎浦《さきうら》地区

名 小立野《こだつの》なす、大桑《おおくわ》なす、丸なす

食 漬《つ》けもの、煮《に》もの

明治《めいじ》22年から栽培《さいばい》されている、卵形《たまごがた》の小なす。皮がうすく、果肉《かにく》がやわらかいので、一夜漬《いちやづ》けにするととてもおいしいです。

二塚《ふたつか》からしな

場 金沢《かなざわ》市二塚地区

食 漬《つ》けもの、おひたし、いためもの

戦前から農家の自家用《じかよう》に広く作られていた菜《な》っ葉《ぱ》。辛《から》みと香《かお》りが特徴《とくちょう》です。

金時草《きんじそう》

場 金沢《かなざわ》市花園《はなぞの》地区

食 酢《す》のもの、おひたし、天ぷら

熊本の「水前寺菜《すいぜんじな》」を金沢の農家が持ち帰り栽培《さいばい》したといわれています。裏葉《うらは》の紫色《むらさきいろ》を「金時豆《きんときまめ》」にたとえ、「金時草」と名づけたそうです。

●能登伝統野菜《のとでんとうやさい》　石川県には加賀《かが》野菜のほか、中島菜《なかじまな》や小菊《こぎく》かぼちゃ、かもうりといった能登地方に伝わる伝統野菜もあります。

山形の伝統野菜

山形県は「村山《むらやま》」「置賜《おきたま》」「庄内《しょうない》」「最上《もがみ》」の地方に分けられそれぞれに個性的な野菜が

山形県は日本海に面した庄内地方、内陸の村山、置賜、最上地方と、大きく四つの地域に分かれています。気候環境も違《ちが》い、それぞれ特有《とくゆう》の文化があります。出羽三山《でわさんざん》と最上川などによって、変化に富《と》む豊かな気候風土が生まれ、それぞれの地域で、個性的な野菜が育てられています。

雪菜《ゆきな》

場 置賜《おきたま》地方
名 かぶのとう
食 ふすべ漬《つ》け、冷《ひ》や汁《じる》

雪菜という菜《な》っ葉《ぱ》を雪の中に作った室《むろ》で育て、のびてきた花茎《かけい》をつんで食べます。雪国ならではの栽培《さいばい》方法です。

おきたま伝統《でんとう》野菜《やさい》の定義《ていぎ》

（山形おきたま伝統野菜推進《すいしん》協議会による）

1 昭和 20 年以前から置賜地方で栽培《さいばい》されている在来種《ざいらいしゅ》であること。
2 地域の歴史や食文化を伝えるもの。
3 現在も一定量の生産をしているもの。

畑《はた》なす

場 最上《もがみ》地方
食 焼きなす、みそ漬《づ》け

新庄《しんじょう》市の畑《はた》という地区で 300 年以上前から作られている大きな丸なすです。加熱すると果肉《かにく》がトロリとします。

最上《もがみ》伝承《でんしょう》野菜《やさい》の定義《ていぎ》

（最上伝承野菜推進《すいしん》協議会による）

1 昭和 20 年ごろからあり、今でも最上地方で栽培《さいばい》されている野菜や豆類《まめるい》であること。
2 農家が自分で種とりをしていること。

もってのほか

場 村山《むらやま》地方
名 もって菊《ぎく》、延命楽《えんめいらく》
食 おひたし、酢《す》のもの、和《あ》えもの

食用菊《しょくようぎく》の王様と言われ、シャキシャキとした歯ざわりと上品な香《かお》りを楽しめます。

村山《むらやま》伝統《でんとう》野菜《やさい》の定義《ていぎ》

（村山特産野菜推進《すいしん》協議会による）

1 村山地域で昭和 20 年以前から栽培《さいばい》、利用されていること。
2 品種やその系統《けいとう》が今でもあり、種が手に入ること。

藤沢《ふじさわ》かぶ

場 庄内《しょうない》地方
食 漬《つ》けもの

だいこんのように長いかぶ。上半分が赤紫色《あかむらさきいろ》をしていて、甘酢《あまず》につけると鮮《あざ》やかなピンク色になります。焼き畑で栽培《さいばい》されています。

庄内《しょうない》地域の伝統野菜《でんとうやさい》には定義《ていぎ》はありません。山形大学農学部とともに在来《ざいらい》野菜を研究しています。

●いも煮《に》　山形県を代表する郷土《きょうど》料理は「いも煮」。内陸型《ないりくがた》は、さといもと牛肉をしょうゆ味で煮こみ、庄内型《しょうないがた》は、豚肉《ぶたにく》をみそ味で煮こむそうです。いも煮会は秋の楽しいイベントですね。

だいこん

江戸《えど》時代から たくさんの品種が 全国で作られました

大変古くからある野菜で、8世紀に書かれた『古事記《こじき》』という書物にもだいこんについての記録《きろく》があります。江戸《えど》時代になると、たくさんの品種が生まれ、その土地にあった栽培《さいばい》方法や時期も工夫《くふう》されるようになったため、全国各地でご当地だいこんが作られました。

米が不足《ふそく》したとき、だいこんは主食《しゅしょく》の代わりにもなるので、飢饉《ききん》対策《たいさく》としてだいこんの栽培が奨励《しょうれい》された時期もありました。いろいろな食べ方ができるうえ、漬《つ》けものにしたり乾燥《かんそう》させたりすることで、だいこんは保存ができるため、日本人にはなくてはならない野菜の一つです。

たくあんと切《き》り干《ぼ》し

江戸《えど》時代のはじめ、北品川《きたしながわ》に住む沢庵禅師《たくあんぜんじ》というお坊《ぼう》さんが考えた漬《つ》けものが、たくあん漬けです。初めは身分《みぶん》の高い人々だけが食べるものでしたが、やがて庶民《しょみん》に広がりました。細長い練馬《ねりま》だいこんはたくあん漬けに向いているので、全国各地へ広まり、そこで新しい品種が作られていきました。

切り干しだいこんは、たくさんとれただいこんを貯蔵《ちょぞう》して保存《ほぞん》するために、切って干したもので、いろいろな切り方が考案《こうあん》され、明治《めいじ》時代にはすでに全国で食べられるようになりました。

小《こ》真《ま》木《ぎ》大《だい》根《こん》

場 山形県／庄内《しょうない》地方鶴岡《つるおか》市の旧《きゅう》小真木村

食 漬《つ》けもの、みそ汁、煮《に》もの

とっくり形で小ぶりな白首《しろくび》だいこん。漬けもの用のだいこんとして作られ、歯ごたえがあり、正月用のはりはり漬けにされます。

練《ねり》馬《ま》大《だい》根《こん》

場 東京都／練馬区

食 たくあん

江戸《えど》の中期、尾張《おわり》（現在の愛知県）の方領《ほうりょう》大根を、練馬で栽培《さいばい》するようになって定着した、長さが1m以上にもなる大型のだいこん。たくあん用の丸尻《まるじり》、煮《に》もの用の長尻《ながじり》など数種あります。

田《た》辺《なべ》大《だい》根《こん》

場 大阪府／大阪市東住吉《ひがしすみよし》区の田辺地区発祥《はっしょう》

食 ふろふき、なます、漬《つ》けもの、おろし

下ぶくれの円筒形《えんとうけい》で、長さ20cm、太さ9cmほど。肉質《にくしつ》はやわらかくて甘《あま》みがあり、生は激的《げきてき》な辛《から》みが特徴《とくちょう》。

生活にとけこむだいこん

春の七草《ななくさ》の「すずしろ」（清白）はだいこんのことですが、大黒天《だいこくてん》に二股《ふたまた》だいこんを供《そな》える大黒祭や、煮《に》ただいこんを供養《くよう》するだいこん炊《た》き、だいこんの形を模《も》した家紋《かもん》など、私たちの暮らしの身近《みぢか》なところにもだいこんはとけこんでいます。だいこんに消化《しょうか》をよくする働きがあることは知られていますが、民間療法《みんかんりょうほう》として、のどの痛みをやわらげたり、せき止めとして使われることもあります。

だいこんはどうやって食べてもおいしい

煮《に》もの、漬《つ》けもの、おろし、なます、ふろふき、おでん、あら煮、汁ものなど、だいこんの食べ方はたくさんあり、お正月料理から日常の家庭料理まで、はば広く食べられている野菜です。米が足りない時代には、細かく切っただいこんをいっしょに炊《た》き、かさを増やした「かてめし」が食べられていました。だいこんの葉をまぜた「菜めし」は今でもよく食べられています。みなさんの暮《く》らす地域では、だいこんはどんなふうに食べられていますか?

会津《あいづ》赤《あか》筋《すじ》大《だい》根《こん》

場 福島県／会津地方
食 煮《に》もの、漬《つ》けもの

東北地方に多く見られるだいこんのひとつ。長さは30～40cmほどで、肉質《にくしつ》はなめらかでややかためです。

源《げん》助《すけ》大《だい》根《こん》

場 石川県／金沢《かなざわ》市
食 おでん、おろし、漬《つ》けもの

愛知の井上源助《いのうえげんすけ》氏が作った品種を石川県で育成した品種。長さ25cmほどの円筒形《えんとうけい》で、きめが細かく肌《はだ》がきれいなだいこんです。

聖《しょう》護《ご》院《いん》大《だい》根《こん》

場 京都府／京都市左京《さきょう》区 聖護院発祥《はっしょう》
名 尾張《おわり》大根、淀《よど》大根
食 煮《に》もの、甘酢《あまず》漬け

甘《あま》みがあって煮《に》くずれしにくい大型の丸だいこん。江戸《えど》末期、尾張（現在の愛知県）にあった宮重《みやしげ》大根をもとに作られたもの。

白《しろ》首《くび》と青《あお》首《くび》

白首だいこんは根がすべて白いだいこんで、古くから栽培《さいばい》されていました。一方、地上に出ていた部分がうす緑色のだいこんを青首だいこんとよびます。改良《かいりょう》された青首だいこんは病気に強く、大きさも手ごろで味もいいとして、1970年代から全国で作られるようになりました。

松《まつ》館《だて》しぼり大《だい》根《こん》

場 秋田県／鹿角《かづの》市八幡平《はちまんたい》字松館《あざまつだて》地域《ちいき》
食 薬味《やくみ》

長さ約15cmのおろし専用の辛《から》みだいこん。水分が少なく肉質《にくしつ》がかたいのが特徴《とくちょう》。

女《おんな》山《やま》大《だい》根《こん》

場 佐賀県／多久《たく》市の女山山麓《さんろく》
食 なます、おろし、煮《に》もの

赤紫色《あかむらさきいろ》のだいこんで、江戸《えど》時代から栽培《さいばい》されています。重さ13kgにも育ち、「牛に四本背負《せお》わせ、殿様《とのさま》に献上《けんじょう》した」との話も残っています。

●「す」 だいこんを切ったときに、まん中にできている空洞《くうどう》を「す」といいます。水分が足りなくなるとできます。

浮島大根《うきしまだいこん》

場 茨城県／稲敷郡《いなしきぐん》浮島地区

食 漬《つ》けもの

こん棒《ぼう》のような形のだいこん。辛《から》みが少なく、たくあん用品種です。

バラエティ豊かな品種

地中海沿岸《ちちゅうかいえんがん》から中央アジアにかけて広がる地域あたりが、だいこんの原産地《げんさんち》と言われています。日本では白くて長いだいこんが一般的ですが、丸いもの、短いもの、カラフルなものなど、世界中に大変多くの品種があります。世界一大きなだいこん（桜島大根《さくらじまだいこん》）や世界一長いだいこん（守口大根《もりぐちだいこん》）はともに日本の品種です。

戸隠大根《とがくしだいこん》

場 長野県／長野市戸隠

食 薬味《やくみ》

戸隠そばに欠《か》かせないだいこんで、江《え》戸《ど》時代から薬味として使われていた記《き》録《ろく》が残っています。肉質《にくしつ》はなめらかでかたく、たくあん漬《づ》けにも向いています。

桜島大根《さくらじまだいこん》

場 鹿児島県

名 しまでこん、ほんじま

食 煮《に》もの、漬《つ》けもの、生食、切《き》り干《ぼ》し大根など

20～30kgにもなる世界最大のだいこん。桜島独特の火山灰土壌《かざんばいどじょう》で、6～8か月かけて育て、今のような形になったのは明治《めいじ》以降といわれています。

守口大根《もりぐちだいこん》

場 岐阜県／北部長良川《ながらがわ》流域、各務原市《かかみがはらし》木曽川《きそがわ》流域
大阪府／守口市

名 天満宮前《てんまんぐうまえ》大根

食 かす漬《づ》け

もとは大阪にあった品種ですが、戦後、岐阜県で作られるようになりました。守口漬けに加工《かこう》。長さは120cm以上。

ねずみ大根《だいこん》

場 長野県／坂城町《さかきまち》

食 薬味《やくみ》

ねずみの尻尾《しっぽ》のように見えるのでこの名前があります。強い辛《から》さとほのかな甘《あま》みを「あまもっくら」といいます。

宮重大根《みやしげだいこん》

場 愛知県／春日村宮重《はるひむらみやしげ》（現清須《きよす》市春日宮重町）

食 煮《に》もの、漬《つ》けもの、切《き》り干《ぼ》し

長さは40～50cmほどで、江戸《えど》初期より栽培《さいばい》されていた品種。明治《めいじ》以降、ここから多くの系統《けいとう》が生まれました。

方領大根《ほうりょうだいこん》

場 愛知県／海部《あま》郡方領村（現あま市方領）

食 ふろふき、サラダ

先端《せんたん》にかけて曲がりのある純白《じゅんぱく》できめが細かい品種。長さは40～45cmほど。

あざき大根《だいこん》

場 福島県／会津《あいづ》地方

食 おろし、しぼり汁

長さは20cmほどで肉質《にくしつ》はかたく、水分が少ないだいこん。辛《から》みが強く、おろしたしぼり汁をそばの薬味《やくみ》に使います。

●名前の由来《ゆらい》　『日本書紀《にほんしょき》』では「おほね」（於朋泥《おほね》、あるいは於保禰《おほね》）と書かれていましたが、それが「おおね」に変わり、「大根」の文字が当てられるようになり、だいこんとよばれるようになりました。

かぶ

ご当地《とうち》かぶが日本全国にたくさんあります

かぶはもっとも古く日本に伝わった野菜のひとつです。8世紀に書かれた『日本書紀《にほんしょき》』には、主食《しゅしょく》である穀物《こくもつ》をおぎなう作物《さくもつ》として、天皇《てんのう》が栽培《さいばい》をすすめたと記《しる》してあります。江戸《えど》時代には全国で栽培されていて、飢饉《ききん》のときには、主食の代わりにしていました。特に寒さのきびしい地域では、根も葉も保存《ほぞん》をし、冬から春にかけての重要な野菜として食べられていました。

日本には地域ごとにたくさんの品種があり、色や形、風味《ふうみ》にそれぞれ特徴《とくちょう》があります。各地に伝わるかぶは漬《つ》けもの向きのものが多く、その土地の特産品になっています。

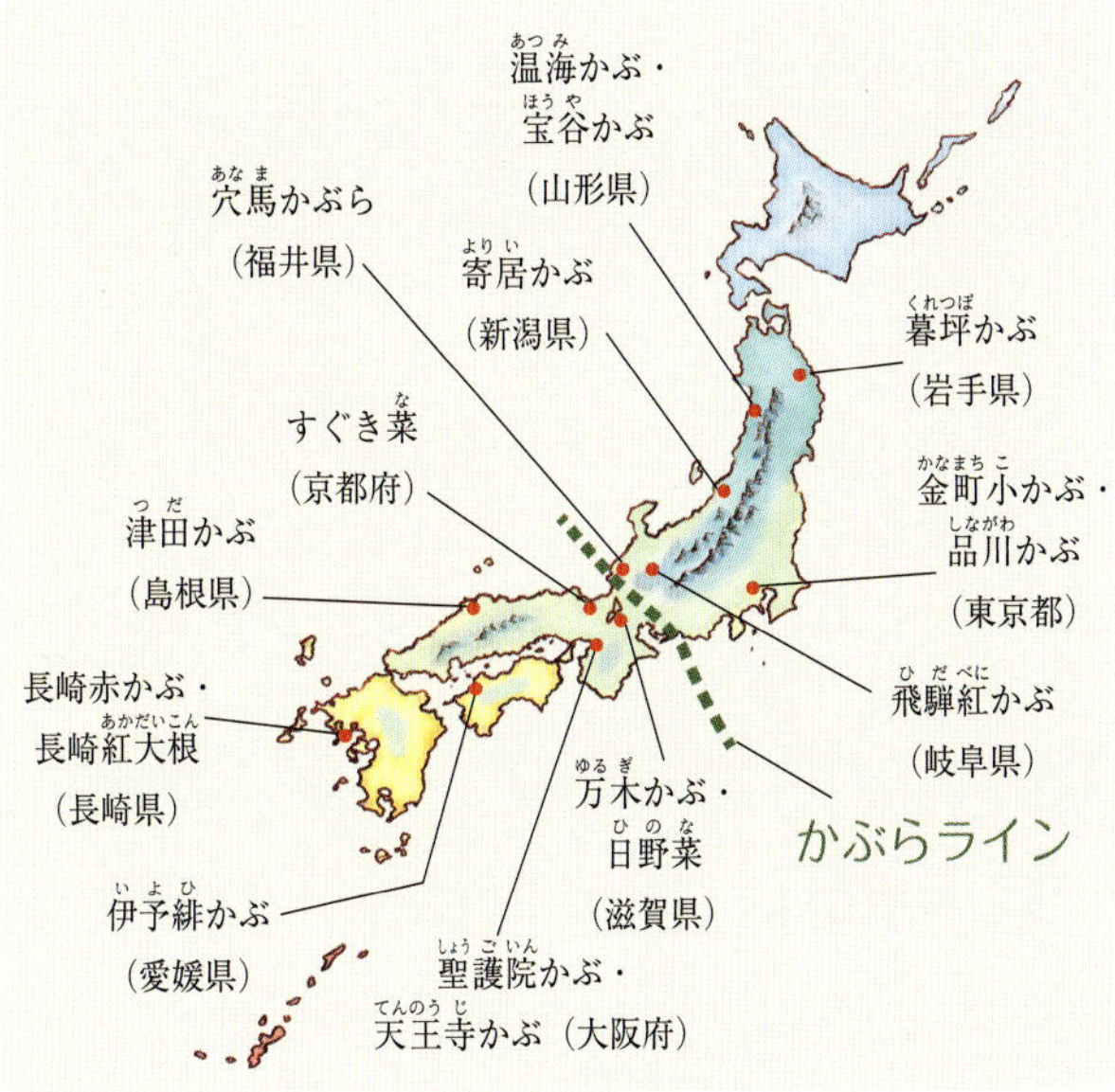

日本のかぶには2つの系統《けいとう》があります

かぶは中央アジアで生まれたという説と、中央アジアと南ヨーロッパの2カ所で生まれたという説があります。日本のかぶには大きく分けて、ヨーロッパ経《けい》由《ゆ》で伝わった「洋種系《ようしゅけい》」と突然《とつぜん》変異《へんい》で生まれたという「和種系《わしゅけい》」があり、洋種系はおもに東日本に多く、和種系は西日本に多く分布《ぶんぷ》していますが、関ケ原《せきがはら》のあたりでその2つの品種系がぶつかっています。その境界線《きょうかいせん》は「かぶらライン」とよばれています。

天王寺《てんのうじ》かぶ

場 大阪府／大阪市天王寺周辺
名 天王寺浮きかぶ
食 漬《つ》けもの、かぶらずし、煮《に》ものなど

江戸《えど》前期から親しまれているかぶ。肉質《にくしつ》はなめらかで甘《あま》みが強く、皮も葉もやわらかい。

宝谷《ほうや》かぶ

場 山形県／鶴岡《つるおか》市櫛引《くしびき》地域の山間部《さんかんぶ》
食 漬《つ》けもの、焼きもの、煮《に》もの

少量が焼き畑農法で栽培《さいばい》されている希少《きしょう》な品種。

焼き畑で作るかぶ

山形県や宮崎県では、木を切ったあとの山の斜面《しゃめん》を利用し、昔ながらの焼き畑農法でかぶを作っています。下草《したくさ》を刈《か》り取ってしばらく乾燥《かんそう》させたら、火をつけて焼き払い、そこに種をまいて栽培《さいばい》します。肥料《ひりょう》をあたえず、その土地の力だけで、じっくりと育てるのです。

●すずな　春の七草《ななくさ》の一つ「すずな」はかぶのこと。七草はどれも体の調子《ちょうし》を整える効果《こうか》があり、かぶは腸《ちょう》の働きをよくするといわれています。

洋種系《ようしゅけい》の特徴《とくちょう》

寒さに強く、東北や甲信越《こうしんえつ》地方など東日本で作られているかぶです。葉には毛が多く、ギザギザしていて、横に広がります。根の部分はかためで、赤かぶが多く、保存《ほぞん》がきくのが特徴です。

和種系《わしゅけい》の特徴

やや温暖《おんだん》な気候を好《この》み、関西から西の地方で多く作られています。葉がやわらかく、毛や切れこみもありません。根の部分は水分がたっぷりでやわらかく、生で食べる習慣《しゅうかん》もあります。白いかぶが多くあります。

洋種系と和種系の中間系《ちゅうかんけい》

2つの系統《けいとう》が合わさって生まれた中間系のかぶもあります。

金町小《かなまちこ》かぶ

場 東京都／葛飾《かつしか》区金町発祥《はっしょう》

食 漬《つ》けもの、煮《に》もの

江戸近郊《えどきんこう》の稲作《いなさく》に不向きな土地では、野菜栽培《さいばい》がさかんでした。甘《あま》みがありやわらかな肉質《にくしつ》が人気《にんき》のかぶ。

日野菜《ひのな》

場 滋賀県／日野町鎌掛《ひのちょうかいがけ》発祥《はっしょう》

食 漬《つ》けもの、サラダ、天ぷら

日野町の源兵衛《げんべえ》という種《しゅ》子商《ししょう》が広めた細長いかぶ。ほろ苦さと辛《から》みがあるのが特徴《とくちょう》です。

温海《あつみ》かぶ

場 山形県／旧《きゅう》温海町の山間部《さんかんぶ》

食 漬《つ》けもの

340年ほど前から現在まで焼き畑農法で栽培《さいばい》されています。

聖護院《しょうごいん》かぶ

場 京都府／京都市左京《さきょう》区聖護院発祥《はっしょう》

食 千枚漬《せんまいづ》け、かぶら蒸《む》し、サラダなど

大きいものは5kgにもなる日本最大のかぶ。きめ細かくなめらかな肉質《にくしつ》で「千枚漬け」の材料に。

飛騨紅《ひだべに》かぶ

場 岐阜県／高山《たかやま》市

食 漬《つ》けもの

室町《むろまち》時代のころに伝わった品種。平べったくてゴツゴツしていますが、肉質《にくしつ》はしっとりなめらかです。

長崎赤かぶ

場 長崎県

名 片淵《かたふち》かぶ

食 漬《つ》けもの、なます

江戸《えど》時代に伝わったとされる洋種《ようしゅ》系《けい》の赤かぶ。長崎くんちの「くんちなます」として食されます。

万木《ゆるぎ》かぶ

場 滋賀県／高島《たかしま》市安曇川町《あどがわちょう》万木地域

名 藤助《とうすけ》かぶ

食 漬《つ》けもの

江戸《えど》時代から受け継《つ》がれてきた赤かぶ。赤かぶと白かぶが自然にかけ合わされてできたと考えられています。

暮坪《くれつぼ》かぶ

場 岩手県／遠野《とおの》市の暮坪地区

食 薬味《やくみ》、漬《つ》けもの

辛《から》みが非常に強い長根系《ちょうこんけい》のかぶ。皮ごとおろして薬味に使われます。

●かぶの根はどこ？　わたしたちはかぶの丸いところを根とよんでいます。しかし、その大部分は茎《くき》がのびたもので、ひげ根が生えているところから下の部分が根なのです。

すぐき菜《な》

場 京都府／京都市北区上賀茂《かみがも》
名 酸茎《すぐき》、すい菜、賀茂菜《かもな》、屋敷菜《やしきな》、里菜《さとな》
食 漬《つ》けもの

約300年前から上賀茂神社のなかで栽培《さいばい》されていたそうです。ほとんど「すぐき漬け」にされます。

品川《しながわ》かぶ

場 東京都／品川区や北区滝野川《たきのがわ》で発祥《はっしょう》
名 東京長かぶ
食 漬《つ》けもの、煮《に》もの、汁の具

漬けもの用に栽培《さいばい》されていた細長いかぶ。長く大きな葉はやわらかくておいしいです。

かぶの親戚《しんせき》

かぶ、だいこん、はくさい。どれもアブラナ科という同じグループの野菜ですが、かぶと親戚なのは、だいこんではなく、はくさいです。かぶの祖先《そせん》が変化して生まれた野菜は、はくさいの他にもたくさんあります。どんな種類があるか、調べてみましょう。

寄居《よりい》かぶ

場 新潟県／新潟市寄居町
食 漬《つ》けもの、煮《に》もの、汁の具

近江《おうみ》（滋賀県）から伝わったとされています。やや扁平《へんぺい》な白かぶで、肉質《にくしつ》はなめらかで風味《ふうみ》がよい。

津田《つだ》かぶ

場 島根県／松江《まつえ》市津田地区
食 漬《つ》けもの

江戸《えど》時代の参勤交代《さんきんこうたい》で近江《おうみ》（現在の滋賀県）からもたらされた種が改良《かいりょう》され、出雲《いずも》地方に広まりました。独特の香《かお》りと甘《あま》みがあります。

長崎紅大根《あかだいこん》（かぶ）

場 長崎県
名 鬼《おに》の手《て》大根、節分《せつぶん》大根
食 酢《す》のもの、煮《に》もの、漬《つ》けもの

見た目から「だいこん」とよばれていますが、かぶの一種。江戸《えど》時代から節分にはこの酢のものを食べる風習《ふうしゅう》があります。

穴馬《あなま》かぶら

場 福井県／大野《おおの》市穴馬地区特産
食 漬《つ》けもの、かぶ飯

甘《あま》みがあってきめが細かく、葉も茎《くき》もやわらかか。切り漬けにされることも多いかぶ。

伊予緋《いよひ》かぶ

場 愛媛県／松山《まつやま》市
名 緋のかぶ
食 漬《つ》けもの

滋賀の日野菜《ひのな》が原種《げんしゅ》といわれる古い品種。江戸《えど》時代から栽培《さいばい》されており、松山の「緋かぶら漬け」の材料です。

●かぶらずし　塩漬《しおづ》けしたかぶに、塩漬けした魚（ぶり）をはさみ、米こうじで漬けこんで発酵《はっこう》させた食べもの。石川県や富山県で食べられている郷土《きょうど》料理です。

にんじん 旬 12月〜3月（翌年）
ごぼう 旬 10月〜12月

	にんじん	ごぼう
1	●	
2	●	
3	●	
4		
5		
6		
7		
8		
9		
10		●
11		●
12	●	●

「翌年」

にんじん・ごぼう

にんじんは短いものごぼうは長いものが主流に

土の下に長くのびるにんじんやごぼうは、やわらかい土質《どしつ》の土地で多く栽培《さいばい》されてきました。

江戸《えど》時代に日本に伝わってきたのは細くて長い東洋系《とうようけい》にんじんで、香《かお》りや甘《あま》みが強い品種《ひんしゅ》です。明治《めいじ》になってから入ってきた西洋《せいよう》系《けい》にんじんは、短くてずんぐりしていて、鮮《あざ》やかなオレンジ色をしています。

ごぼうは平安《へいあん》時代に伝わりましたが、しばらくは薬代わりに使われていました。日常的《にちじょうてき》に食べられるようになったのは江戸時代になってから。ごぼうを野菜として食べているのは、世界中で日本と台湾《たいわん》だけです。ごぼうにも細くて長い系統《けいとう》と、太くて短い系統《けいとう》があります。

もともと「にんじん」は別のものだった？

みなさんは朝鮮人参《ちょうせんにんじん》を知っていますか？　漢方《かんぽう》で使われる薬草《やくそう》で、根の形が人の姿《すがた》に見えるため、「人参《にんじん》」と名づけられました。初めに「にんじん」とよばれたのは、この薬草だったのです。わたしたちがふだん食べているオレンジ色のにんじんは、この朝鮮人参に似《に》ていたため、「せりにんじん」や「葉にんじん」とよばれるようになり、いつのまにか、こちらの野菜のほうが「にんじん」という名前になってしまいました。

チデークニ（島にんじん）

場 沖縄県
食 イリチー（いためもの）、天ぷら

沖縄原産《げんさん》の在来種《ざいらいしゅ》。にんじんらしい香《かお》りが特徴《とくちょう》です。

金時《きんとき》にんじん

場 大阪府／大阪市浪速《なにわ》区発祥《はっしょう》
名 大阪人参《にんじん》、木津人参《きづにんじん》
食 なます、雑煮《ぞうに》、煮《に》もの

長さは約30 cmで、肉質《にくしつ》はやわらかく甘《あま》みと香《かお》りが強い。正月の雑煮や煮しめなどに使います。

熊本長《なが》にんじん

場 熊本県／菊池《きくち》市
食 おせち料理、雑煮《ぞうに》

長いものは1.2 mほどになり、まるで赤いごぼうのよう。正月の縁起物《えんぎもの》野菜です。

国分《こくぶ》にんじん

場 群馬県／高崎《たかさき》市国分地区
食 煮《に》もの、いためもの

大正《たいしょう》時代から栽培《さいばい》されている、西洋系《せいようけい》の長《なが》にんじん。60〜80 cmと長く、色、香《かお》り、味のどれも優《すぐ》れています。

万福寺《まんぷくじ》にんじん

場 神奈川県／川崎《かわさき》市麻生《あさお》区
食 煮《に》もの、なます

昭和《しょうわ》の初めに滝野川《たきのがわ》にんじんを改良《かいりょう》した長《なが》にんじん。長さは60〜80 cmになります。

●大浦《おおうら》ごぼう　成田山新勝寺《なりたさんしんしょうじ》の奉納《ほうのう》で使われる貴重《きちょう》なごぼう。やわらかく味がよくしみるまで２日間かけて煮《に》たごぼうは、精進《しょうじん》料理としてふるまわれます。

ごぼうは縁起《えんぎ》のよい食べもの

しっかり根を張るごぼうは、細く長くつつましく生きていけますようにとの願いをこめて、「たたきごぼう」や「八幡《やわた》まき」「煮《に》しめ」などのお正月料理に使われるほか、「花びらもち」にも入っています。

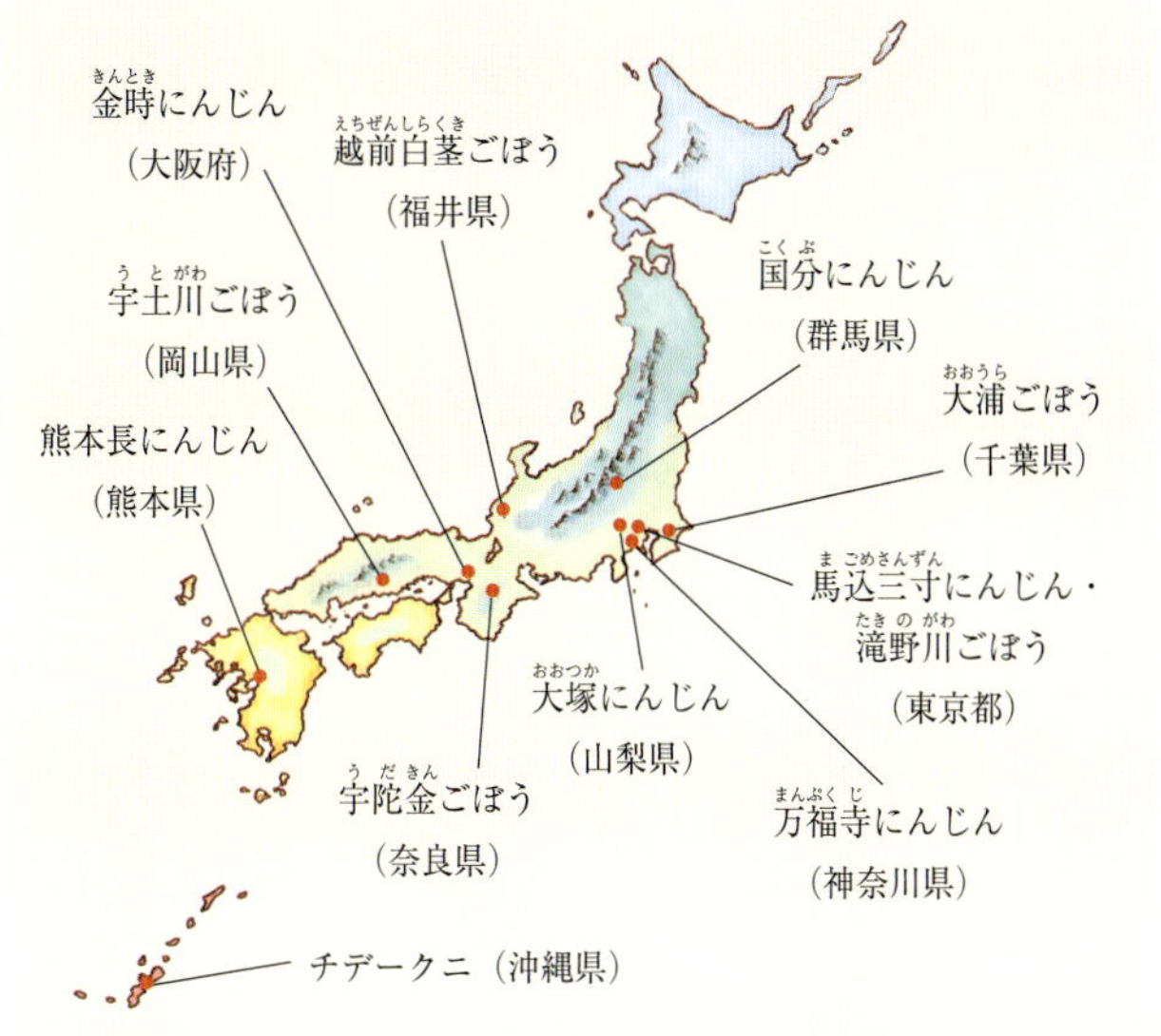

馬込《まごめ》三寸《さんずん》にんじん

場 東京都／大田区《おおた》西馬込
名 馬込大太三寸人参《まごめおおぶとさんずんにんじん》
食 煮《に》もの、天ぷら、サラダ

江戸《えど》時代の終わりに日本に伝わりました。長さ10cmほどの小ぶりなにんじんです。甘《あま》みと香《かお》りがあります。

大塚《おおつか》にんじん

場 山梨県／西八代《にしやつしろ》郡市川三郷《いちかわみさと》町大塚地区
名 のっぷい
食 きんぴら、にんじんご飯、煮《に》もの

西洋系《せいようけい》の「国分鮮紅大長《こくぶせんこうおおなが》にんじん」という品種《ひんしゅ》。風味《ふうみ》がよく甘《あま》みもたっぷり。

体調が悪いときに食べられていた

もともと薬用《やくよう》植物として日本に伝わったごぼうは、種を漢《かん》方薬《ぼうやく》に、乾燥《かんそう》させた葉を入浴《にゅうよく》剤《ざい》代わりに、根は煎《せん》じて飲まれていたようです。お腹の調《ちょう》子《し》が悪いときにやわらかく煮《に》たものや、にんじんスープを食べる習慣《しゅうかん》もありました。

越前《えちぜん》白茎《しらくき》ごぼう

場 福井県／坂井《さかい》市旧春江町《きゅうはるえちょう》
食 天ぷら、おひたし（葉）、きんぴら、煮《に》もの（茎《くき》と根）

おもに葉や茎を食べる変わったごぼうです。茎は白くて長く、やわらかいのが特徴《とくちょう》。ごぼうのよい香《かお》りを楽しめます。

大浦《おおうら》ごぼう

場 千葉県／匝瑳《そうさ》市（旧八日市場市《きゅうようかいちば》）大浦地区
名 勝《かち》ごぼう、おばけごぼう
食 含《ふく》め煮《に》

直径10cm以上もある太ごぼう。中心が空洞《くうどう》なので、昆布《こんぶ》などの詰《つ》め物をして煮含《にふく》めます。

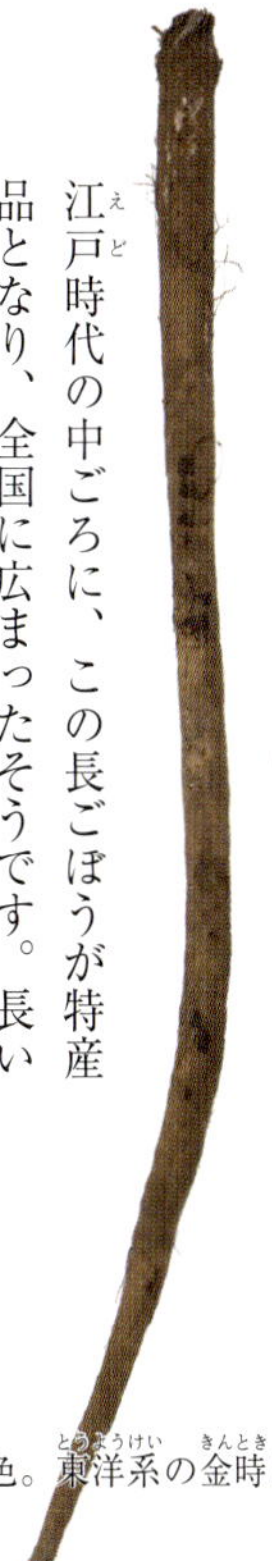

滝野川《たきのがわ》ごぼう

場 東京都／北区滝野川発祥《はっしょう》
食 煮《に》もの、きんぴら、汁ものなど

江戸《えど》時代の中ごろに、この長ごぼうが特産品となり、全国に広まったそうです。長いものは1mを超え、香《かお》りがよいとされます。

宇土川《うとがわ》ごぼう

場 岡山県／井原《いばら》市芳井町《よしいちょう》宇土川地区
名 芳井の赤土《あかつち》ごぼう、明治《めいじ》ご（ん）ぼう
食 きんぴら、煮《に》しめ、天ぷら

粘土質《ねんどしつ》の赤土で栽培《さいばい》されている、大きくて太いごぼうです。風味《ふうみ》がよく、なめらかで、歯切れがよいのが特徴《とくちょう》。

宇陀金《うだきん》ごぼう

場 奈良県／宇陀市
名 宇陀ごぼう、金ごぼう
食 きんぴら、天ぷら、ごぼう飯など

肉質《にくしつ》がやわらかく香《かお》り高いごぼう。雲母《うんも》を多く含《ふく》む土壌《どじょう》で栽培《さいばい》され、表面が光ることから名づけられました。

●カロテン　西洋系《せいようけい》にんじんのオレンジ色はカロテンという栄養成分の色。東洋系《とうようけい》の金時《きんとき》にんじんの赤はリコペンという成分の色です。

さといも

いねよりも古くから主食《しゅしょく》にされてきた野菜

インド東部からインドネシア半島にかけての熱帯《ねったい》地方で生まれたさといもは、アフリカやオセアニアで主食となっている「たろいも」と同じ仲間です。日本へは中国を経由《けいゆ》して伝わりました。縄文《じょうもん》時代にはすでに食べられていて、いねよりも前から人々の主食だったと言われています。

山に生えているやまいもに対して、人里《ひとざと》で育てたのでさといもとよばれるようになりました。さといもははじめに種《たね》いもを植えつけると、その上に「親いも」ができ、そのまわりに「子いも」や「孫いも」ができます。子いもや孫いもを食べる品種、親いもを食べる品種、両方を食べる品種があります。

はすいも

場 高知県／津野町《つのちょう》、須崎《すさき》市、室戸《むろと》市
名 りゅうきゅう
食 あえもの、煮もの、汁の具
葉の茎《くき》を食べるさといも。シャキシャキとした食感が特徴《とくちょう》です。

甚《じん》五《ご》右《え》ヱ門《もん》芋《いも》

場 山形県／真室川町《まむろがわまち》
食 煮《に》もの、コロッケ、いも煮
旧家《きゅうか》の佐藤家にのみ伝わり、門《もん》外不出《がいふしゅつ》の貴重《きちょう》なさといも。室町《むろまち》時代から作られ、細身《ほそみ》で皮が薄《うす》く、きめが細かくてねっとりとしています。

大《おお》野《の》の里いも

場 福井県／大野《おおの》市、勝山《かつやま》市
食 煮《に》もの、田楽《でんがく》、おでん、雑煮《ぞうに》、コロッケ
大野在来《ざいらい》とよばれる品種で、肉質《にくしつ》がなめらかでかたく、煮くずれしないのが特徴《とくちょう》。

全国にある「石いも伝説《でんせつ》」

石いもとは、苦《にが》みがあったり、石のようにかたくて食べられないいものことで、野生《やせい》のさといものことだと考えられています。「食わずいも」ともよばれています。弘法大師《こうぼうだいし》が旅の途中《とちゅう》でいもを煮《に》ている村人を見かけ、食べさせてほしいと頼《たの》んだところ、「このいもは石のようにかたくて食べられないから」とことわられてしまいます。大師が行ってしまったあと、この村では本当にかたくて食べられないいもしか採《と》れなくなってしまった、という話です。

いもの芽《め》

場 熊本県／熊本市
食 ごま和《あ》え、汁の具
さといもからのびた芽に日光が当たらないようにして育てたもの。やわらかくなめらかな食感です。

えびいも

場 静岡県／現磐田《いわた》市豊田《とよだ》地区
京都府／京都市伏見《ふしみ》区
食 煮《に》もの、おでん、田楽《でんがく》
子いもと親いもの両方を食すたいへん質がよいさといも。昭和《しょうわ》初期に不況対策《ふきょうたいさく》に作られるようになりました。静岡では、天竜川《てんりゅうがわ》流域の肥沃《ひよく》な沖積《ちゅうせき》土壌《どじょう》を利用して作られます。

●「ずいき」とは　さといもの葉の茎《くき》（葉柄《ようへい》）のことで、「いもがら」ともよばれています。生のままのものと乾燥《かんそう》させたものがあり、煮《に》ものや酢《す》のもの、汁の具などに使われます。

縁起《えんぎ》の良いいも

さといもには子いもや孫いもがたくさん増えるので、子孫繁栄《しそんはんえい》につながるとして、縁起が良い食べものと考えられてきました。そのため、お祝いの席にはさといもの煮《に》ものや蒸《む》しいもなどが作られました。

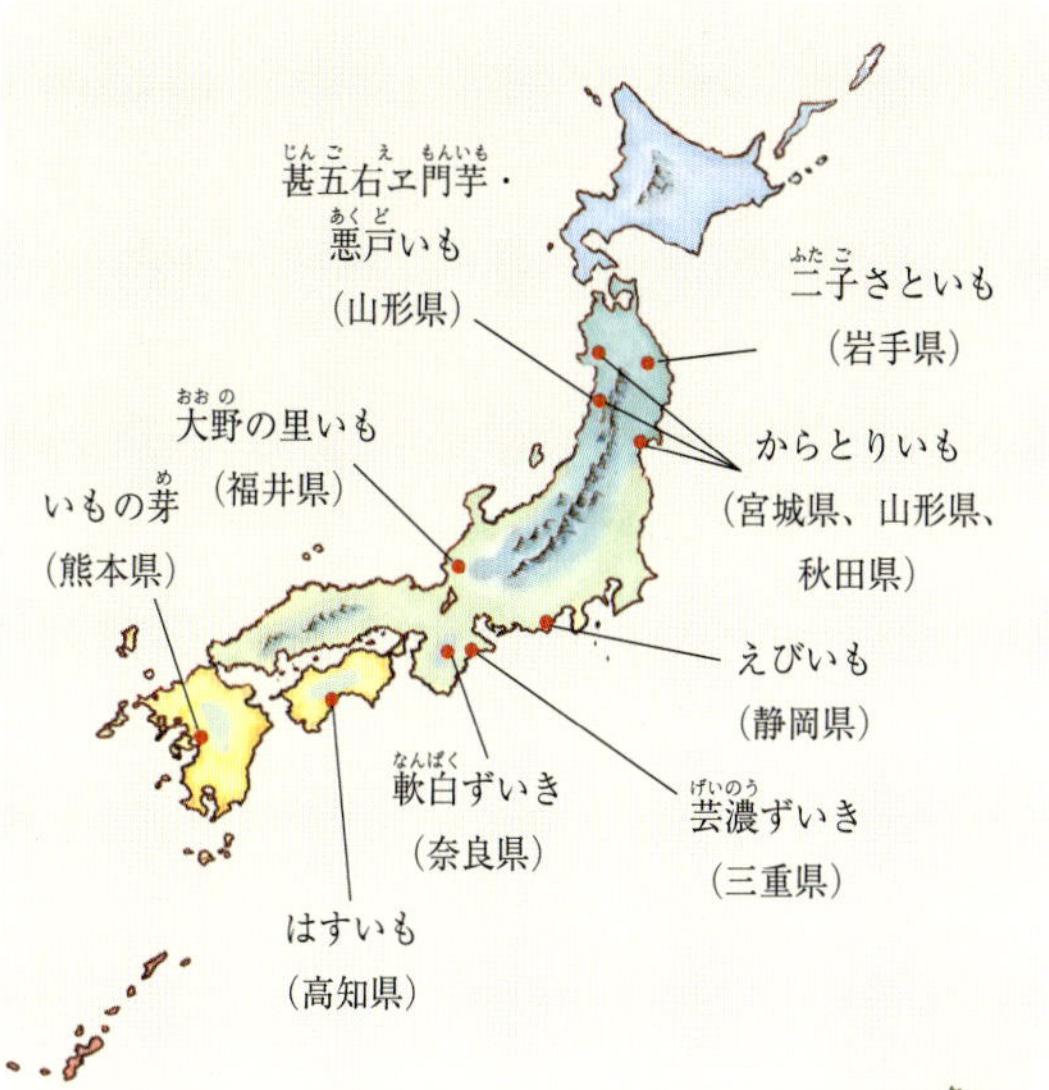

二子《ふたご》さといも

場 岩手県／北上川《きたかみがわ》、二子村

食 いも煮《に》、煮もの

北上川流域《りゅういき》の土がさといも栽培《さいばい》に適《てき》していたようです。もちもち感のあるやわらかさが特徴《とくちょう》です。

悪戸《あくど(あくと)》いも

場 山形県／村山《むらやま》地方（山形市西部悪戸地区）

食 いも煮《に》、煮もの

古くから栽培《さいばい》されているさといも。粘《ねば》りが強いので、煮こみ料理に向いています。

からとりいも

場 宮城県、山形県、秋田県

食 煮《に》もの、汁の具、おでん、おひたし、ごま和《あ》え

いもだけでなく、葉の茎《くき》も食べることができます。いもはねっとりとしていて、いも煮やおでんにもぴったり。茎は皮をむいてゆでてから調理します。

軟白《なんぱく》ずいき

場 奈良県／奈良市

食 煮《に》びたし、ごま酢《す》あえ

赤茎《あかくき》のさといもの葉の茎を、紙で包《つつ》んで日光に当てないようにして育てたもの。日に当たらなかった部分は真っ白でやわらかい。

芸濃《げいのう》ずいき

場 三重県／津《つ》市

食 酢《す》のもの、煮《に》もの、いためもの

やつがしらという大きなさといもの葉の茎《くき》です。芸濃地区の特産で、おもに京都の市場に出荷《しゅっか》されます。

いもの子を洗《あら》う

さといもの外皮《がいひ》についた泥《どろ》を落とすため、おけなどにいもをすき間なく入れて水を注《そそ》ぎ、棒《ぼう》などでかき混《ま》ぜます。すると、いも同士がこすれ合って汚《よご》れが落ちます。ここから由来《ゆらい》して、せまい所に大勢の人が集まっている状態《じょうたい》を「いもの子を洗うよう」というようになりました。

●きぬかつぎ　小さなさといもを丸ごと蒸《む》した料理。皮がするりとむけるようすから平安《へいあん》時代の女性の衣装《いしょう》になぞらえてこうよびます。十五夜《じゅうごや》のお供《そな》えにも。

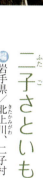

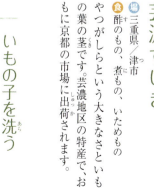

さつまいも

飢饉《ききん》のときに人々の命を救《すく》った強い作物《さくもつ》

中央《ちゅうおう》アメリカ生まれのさつまいもは、紀元前《きげんぜん》から栽培《さいばい》されていた古い作物です。暑い気候を好《この》み、やせた土地で育つのが特徴《とくちょう》のさつまいもは、17世紀の初めに中国経由《けいゆ》で琉球《りゅうきゅう》（現在の沖縄）に伝わると、そこから、種子島《たねがしま》や薩摩《さつま》（現在の鹿児島）に広がり、南九州で栽培されるようになりました。18世紀になり、江戸《えど》の蘭学者《らんがくしゃ》である青木《あおき》昆陽《こんよう》がさつまいもの栽培を全国に広めたため、度重《たびかさ》なる飢饉のときにも、さつまいもは多くの人々の命を救うこととなりました。

日本では品種改良《ひんしゅかいりょう》がさかんに行われ、現在では昭和60年以降に作られた品種が多くなっています。

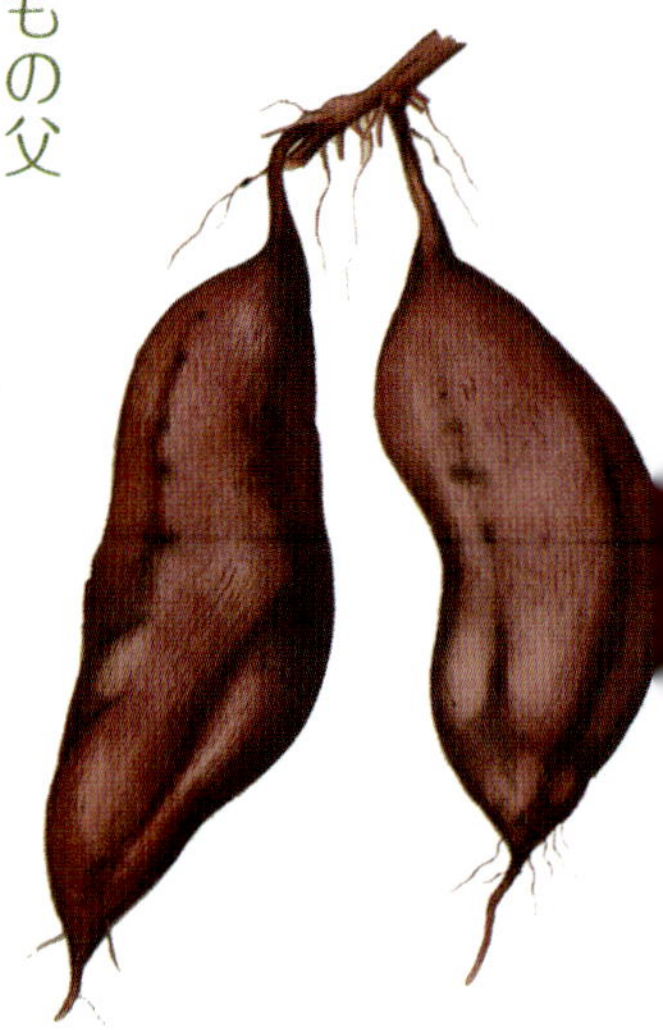

さつまいもの父「青木昆陽《あおきこんよう》」

暖かい地域で育つさつまいもを、他の地域でも栽培《さいばい》できるよう成功させたのが青木昆陽です。全国で作られるようになったことから、農民たちは「甘藷《かんしょ》先生」とよぶようになりました。亡《な》くなってからは「いも神さま」として敬《うやま》われるようになったそうです。

隼人《はやと》イモ

場 鹿児島県、三重県
名 にんじんいも、かぼちゃいも
食 ふかしいも、お菓子《かし》

大正《たいしょう》時代から栽培《さいばい》されているいもで、果肉《かにく》は鮮《あざ》やかなオレンジ色をしています。にんじんに似《に》た香《かお》りがあります。

こうきいも

場 鹿児島県／屋久島《やくしま》内
食 焼きいも

大正《たいしょう》10年ごろに屋久島内に広まった品種。味がよく貯蔵《ちょぞう》もできるので、戦前は多く栽培《さいばい》されました。

きんこ

場 三重県／志摩《しま》市

「きんこ」とは、本来はナマコの乾燥品《かんそうひん》のことですが、志摩地方で古くから作られていたさつまいもの煮切《にき》り干《ほ》しのことをそうよびます。子どものおやつ、船員などの保存食《ほぞんしょく》として親しまれてきました。

九里四里《くりより》うまい十三里《じゅうさんり》

江戸《えど》から約十三里（52㎞くらい）はなれた川越《かわごえ》（埼玉県）は、さつまいもの産地。さつまいもは栗《くり》よりうまいとして、「九里＋四里＝十三里」と数合わせでしゃれてたたえました。今でも、さつまいものことを十三里とよぶことがあります。

安納《あんのう》いも

場 鹿児島県／種子島《たねがしま》安納地区
食 焼きいも、お菓子《かし》

鮮《あざ》やかで黄色の果肉《かにく》、ねっとりした食感でとても甘《あま》いさつまいも。紫色《むらさきいろ》の品種もあります。

●茎も食べられます　さつまいもの葉の茎《くき》の部分（葉柄《ようへい》）は、きんぴらなどにするとおいしく食べることができます。ほんのり甘《あま》みがあります。

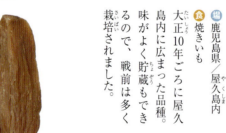

各地に伝わる食べ方

ふかしたり、焼いたりして、おやつ代わりに食べることが多かったですが、もちと合わせた「ねりくり」や「かんころもち」、ご飯に炊《た》きこんだ「さつまいもご飯」、おかずにもなる「大学いも」といった食べ方もあります。菓子《かし》の材料《ざいりょう》にも使われています。

ンム（紅《べに》いも）

場 沖縄県

食 きんとん、蒸《む》し、焼きいも、天ぷら

紅色《べにいろ》や紫色《むらさきいろ》のさつまいもを「ンム」とよびます。米が作りにくい沖縄では、貴重《きちょう》な食料となりました。

種子島紫《たねがしまむらさき》いも

場 鹿児島県／種子島

食 焼きいも、お菓子《かし》

古くから種子島で作られてきた在来種《ざいらいしゅ》で、2000年までは、島外に出荷《しゅっか》できない珍《めずら》しい品種でした。果肉《かにく》が紫色で、加熱《かねつ》するといっそう鮮《あざ》やかになります。

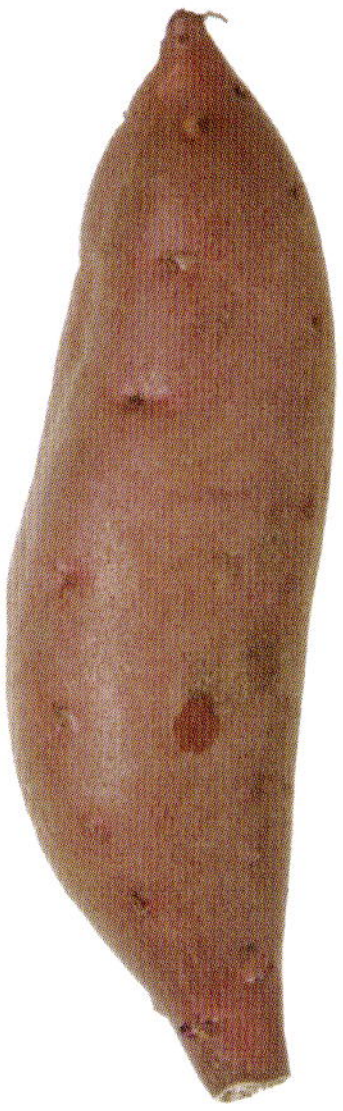

五郎島金時《ごろうじまきんとき》

場 石川県／金沢《かなざわ》市

食 焼きいも、天ぷら

江戸時代の中ごろ、薩摩《さつま》の国（鹿児島）から種いもを持ち帰り、米が不作になったときのための、「救荒作物《きゅうこうさくもつ》」として広がりました。五郎島は、栽培《さいばい》に最適《さいてき》な砂丘《さきゅう》地で、格別《かくべつ》においしいいもができたそうです。

紅赤《べにあか》

場 埼玉県／川越《かわごえ》市

名 金時《きんとき》いも

食 焼きいも、ふかしいも、天ぷら、お菓子《かし》

明治《めいじ》31年に埼玉県で偶然《ぐうぜん》見つかった品種。ほかのさつまいもに比《くら》べるととても甘《あま》く、すぐに人気《にんき》がでました。しかし、栽培《さいばい》が難しく、収穫量《しゅうかくりょう》も少なかったそうです。紅赤《べにあか》を改良《かいりょう》して生まれたものが、紅東《べにあずま》という品種。

黄金千貫《こがねせんがん》

場 鹿児島県

食 焼酎《しょうちゅう》用、かりんとう、チップス

日本在来種《ざいらいしゅ》と海外の品種から生まれました。芋焼酎《いもじょうちゅう》という、お酒の原料《げんりょう》になっているのがこの品種です。

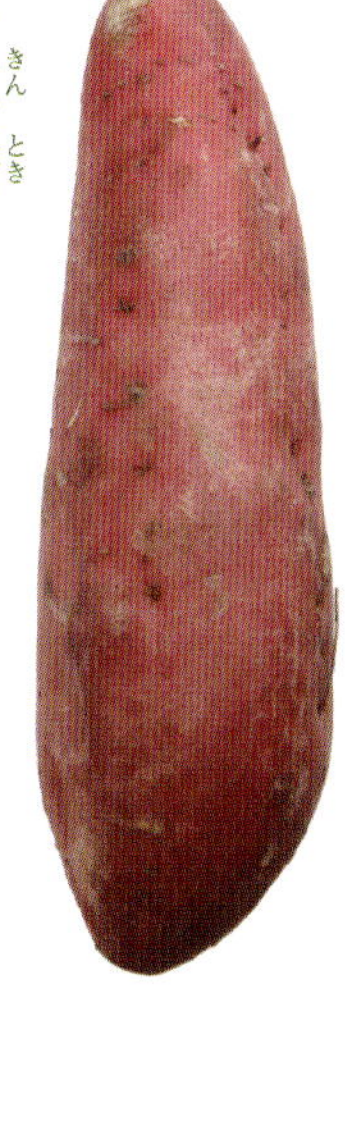

なると金時《きんとき》

場 徳島県／鳴門《なると》市、徳島市川内町《かわうちちょう》、松茂町《まつしげちょう》、板野町《いたのちょう》

食 焼きいも、煮《に》もの、さつまいも飯、汁の具

鳴門市大毛島《おおげじま》が発祥《はっしょう》と言われ、中が黄金色《こがねいろ》なので金時いもとよんでいたことから、「なると金時」と名づけられました。栗《くり》のようにホクホクとした食感と、甘《あま》みが特徴《とくちょう》で、菓子《かし》の材料《ざいりょう》などにも使われます。

●他のよび名　さつまいもは「唐《から》いも」「甘藷《かんしょ》」ともよばれます。唐いもは中国からやって来たいも、甘藷は甘《あま》いいもという意味です。

じゃがいも

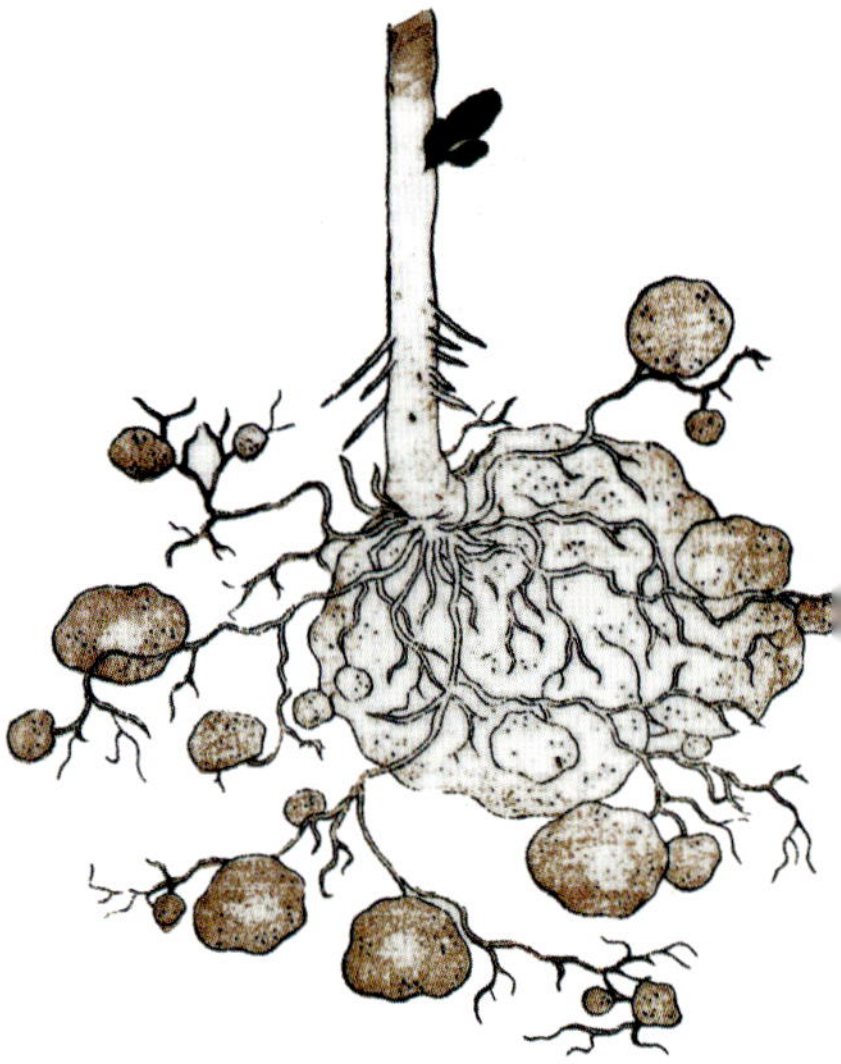

明治《めいじ》からさかんな 北海道のじゃがいも栽培《さいばい》

じゃがいもは、南アメリカの標高《ひょうこう》3500mほどのアンデス高地付近《こうちふきん》が原産《げんさん》で、5世紀ごろから食用にされていました。16世紀にスペイン人が自国に持ち帰り、ヨーロッパに広がったようです。日本には、江戸《えど》時代にジャガタラ（今のインドネシアの首都《しゅと》ジャカルタ）からやって来たオランダ人によって伝わりました。美しい花をつけるので、当初は見て楽しむための植物だったようです。明治時代に、北海道の川田龍吉男爵《かわだりょうきちだんしゃく》という人がイギリスやアメリカから取り寄せたいもを作ったのがきっかけで、その後、北海道に栽培が広がりました。

日本ではじゃがいもの品種改良《ひんしゅかいりょう》がさかんに行われています。ポテトサラダやポテトチップスなどの加工《かこう》向け品種もたくさんあります。

井川《いかわ》おらんど

場 静岡県／葵《あおい》区井川地区
名 おでんいも
食 ゆで、田楽《でんがく》、おでん

江戸《えど》時代から栽培《さいばい》されている在来《ざいらい》のいも。皮の色によって、白いも、赤いも、紫《むらさき》いもがあります。地元ではゆでたいもを田楽にしたり、おでんに入れて食べます。「おらんど」は「オランダ」に由《ゆ》来《らい》しています。

ごうしゅういも

場 徳島市／県西部剣山《つるぎさん》周辺、三好《みよし》市祖谷《いや》地域や美馬《みま》郡つるぎ地域
名 源平《げんぺい》いも、ほどいも、いやふど
食 田楽《でんがく》、煮《に》ものなど

山間部《さんかんぶ》の畑作《はたさく》にも向かない急斜面《きゅうしゃめん》で育ち、すべて手作業で収穫《しゅうかく》されます。肉質《にくしつ》はかたく粘質《ねんしつ》、大きさは卵大《たまごだい》と小さく、煮くずれしません。皮の色が赤と白の二色あるので、「源平いも」という名前もあります。

男爵《だんしゃく》いも

場 北海道／今金町《いまかねちょう》、倶知安町《くっちゃんちょう》、京極町《きょうごくちょう》
食 サラダ、粉《こ》ふきいも、コロッケ

開拓《かいたく》が進む明治《めいじ》後期の北海道で、川田龍吉男爵《かわだりょうきちだんしゃく》が海外から取り寄せた品種が、男爵いもと名づけられました。函館近郊《はこだてきんこう》の七飯町《ななえちょう》での栽《さい》培《ばい》から全道《ぜんどう》に広まりました。収穫《しゅうかく》量《りょう》も多くて味もよく、百年経《た》っても人気《にんき》のある品種です。

北海道と長崎

暑さが苦手《にがて》なじゃがいもは北海道の涼《すず》しい気候を好《この》むので、たくさん栽《さい》培《ばい》されています。暖かい長崎では、春と秋の涼しい時期を選んで、年に2回栽培することができます。

●郷土《きょうど》料理　北海道の「いももち」はおやつに、長野の「いもなます」は祝《いわ》いの席でよく食べられる郷土料理です。

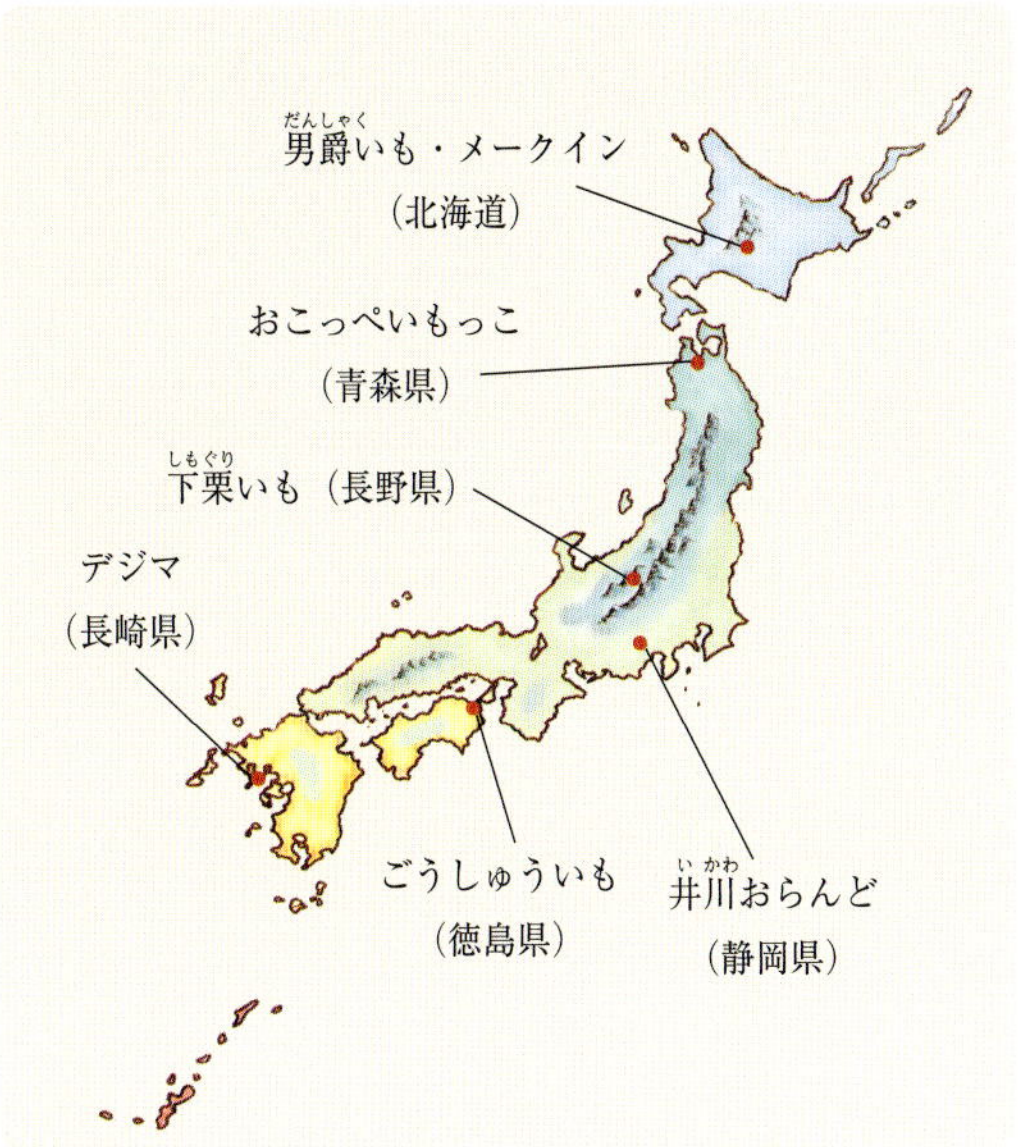

デジマ

場 長崎県
食 肉じゃが、煮《に》もの、チップス、サラダ

昭和《しょうわ》46年に二期作《にきさく》用として作られた比較的《ひかくてき》新しい品種。作られた場所が長崎の出島《でじま》に近かったようで、この名前がつきました。食感は男爵《だんしゃく》のホクホクではなく、メークインのしっとりでもなく、むっちりとした独特《どくとく》のものです。甘《あま》みとコクがあり、濃厚《のうこう》な味わいです。

おこっぺいもっこ

場 青森県／大間町奥戸《おおままちおこっぺ》
食 サラダ、コロッケ

明治《めいじ》38年に青森県で栽培《さいばい》が始まった「三円薯《さんえんいも》」（バーモント・ゴールド・コイン）という品種。男爵《だんしゃく》いもに似《に》た風味《ふうみ》で、ほんのり甘《あま》みがあります。

下栗《しもぐり》いも

場 長野県／飯田市上村《いいだかみむら》
名 下栗二度《しもぐりにど》いも
食 田楽《でんがく》、煮《に》もの

標高《ひょうこう》800～1100mの高《こう》地《ち》で栽培《さいばい》される小ぶりのいも。赤いもと白いもがあります。肉《にく》質《しつ》はしっかりしていて、煮くずれず、甘《あま》みがあります。

名前の由来《ゆらい》

ジャガタラからやって来たのでじゃがいもとよばれるようになりました。馬鈴薯《ばれいしょ》という別名は、その形が馬の首につける鈴に似《に》ているからだと言われています。全国で作られているじゃがいもは、地域によっては、二度いも、三度いも、五升《ごしょう》いも、八升いも、きんかいも、お助けいも、せーだいも、など、いろいろなよび名が使われています。

メークイン

場 北海道／厚沢部町《あっさぶちょう》
食 スープ、煮《に》もの、肉じゃが

男爵《だんしゃく》いもより遅《おく》れて大正《たいしょう》時代になってから栽培《さいばい》がはじまり、全国に広まったイギリスの品種。俵型《たわらがた》で細長く、芽《め》も浅いために皮がむきやすいという特徴《とくちょう》があります。黄色で粘《ねば》りがあるために煮くずれしにくいじゃがいもです。

凍《こお》らせて食べる地域

冬の寒い時期に、じゃがいもを外で凍らせ、少しとかしてから足で踏《ふ》んで水分を抜《ぬ》きます。こうやってからからにしたものが「凍《し》みいも」「しばれいも」とよばれる保存食《ほぞんしょく》で、粉《こな》にするところもあります。北海道や岩手、山梨、長野などで今も伝わる保存方法です。原産地《げんさんち》のアンデス地域でも同様にして食べています。

●寝かしておくと熟成《じゅくせい》　収穫《しゅうかく》したいもは冷暗所《れいあんしょ》においておきます。時間が経《た》つと水分が減《へ》るとともに甘《あま》みが増え、よりおいしくなります。

れんこん・その他のいも類

れんこん 旬 11月〜3月（翌年）
やまのいも 旬 10月〜12月

月	れんこん	やまのいも
1	●	
2	●	
3	●	
4		
5		
6		
7		
8		
9		
10		●
11	●	●
12	●	●

「翌年」

土の中にたっぷりと養分《よう ぶん》をためている野菜です

　はすの地下茎《ちかけい》が大きくなった部分をれんこんとよびます。日本に古くからある在来種《ざいらいしゅ》と、明治以降《めいじいこう》に日本に伝わった中国種《ちゅうごくしゅ》があります。本格的に栽《さい》培《ばい》されるようになったのは、大正《たいしょう》時代になってからです。穴《あな》があいていることから、将来《しょうらい》の見通しがよく縁起《えんぎ》がよいとして、お正月などのお祝いの料理に使われてきました。

　土の中で大きくなった部分を食べる野菜を、まとめて「いも」とよびます。ながいもや自然薯《じねんじょ》などの「やまのいも」や、ひまわりの仲間である「きくいも」などがあります。

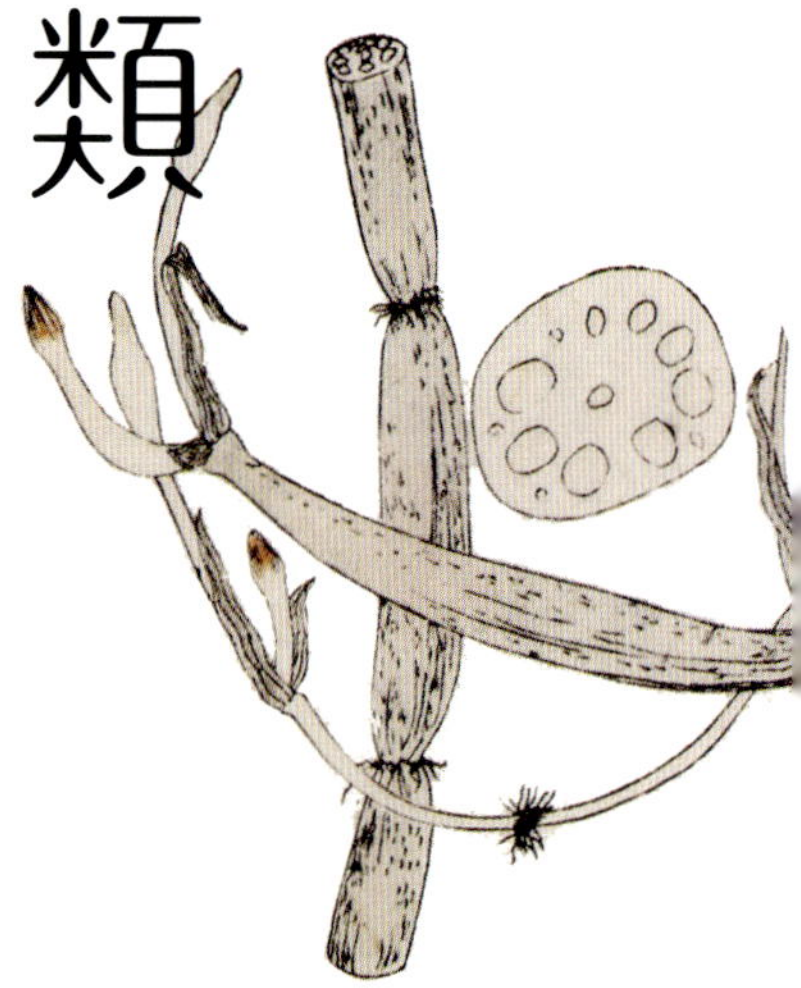

だるまれんこん

場 新潟県／長岡《ながおか》市大口《おおくち》地区
名 大口《おおくち》れんこん
食 きんぴら、煮《に》もの
ゴロンとしただるまのような形。節《ふし》の間が短く、肉厚《にくあつ》で歯ざわりがよいれんこんです。

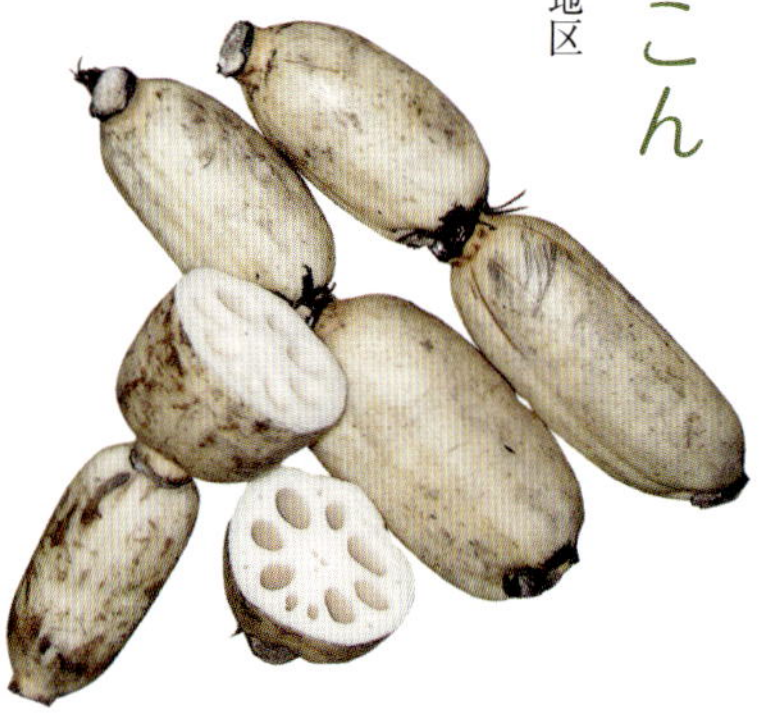

岩国《いわくに》れんこん

場 山口県／岩国市
食 煮《に》もの、きんぴら、「岩国寿司《ずし》」
約200年前、岩国（現在の山口県）藩主《はんしゅ》の命を受け、栽培《さいばい》が始まりました。この種類には9つの穴《あな》があり、藩主の家紋《かもん》「九曜《くよう》紋《もん》」に見え、独特のもっちりとした粘《ねば》りとシャキシャキ感が特徴《とくちょう》です。

熊本の郷土《きょうど》料理「からしれんこん」

麦《むぎ》みそと和《わ》からしを混ぜたものをれんこんの穴《あな》につめ、衣《ころも》をつけて油で揚《あ》げたものを「からしれんこん」といいます。玄宅《げんたく》というお坊《ぼう》さんが考えたこの料理を、病弱《びょうじゃく》だった細川《ほそかわ》のお殿様《とのさま》にすすめたところ、すっかり元気になったというといわれがあります。

加賀《かが》れんこん

場 石川県
食 蒸《む》しもの、酢《す》のもの、煮《に》もの
節間《せっかん》がつまり、色白できめ細かい肉質《にくしつ》。デンプン質《しつ》が多く、もっちりとした食感があります。「はす蒸《む》し」は金沢名物《かなざわめいぶつ》です。

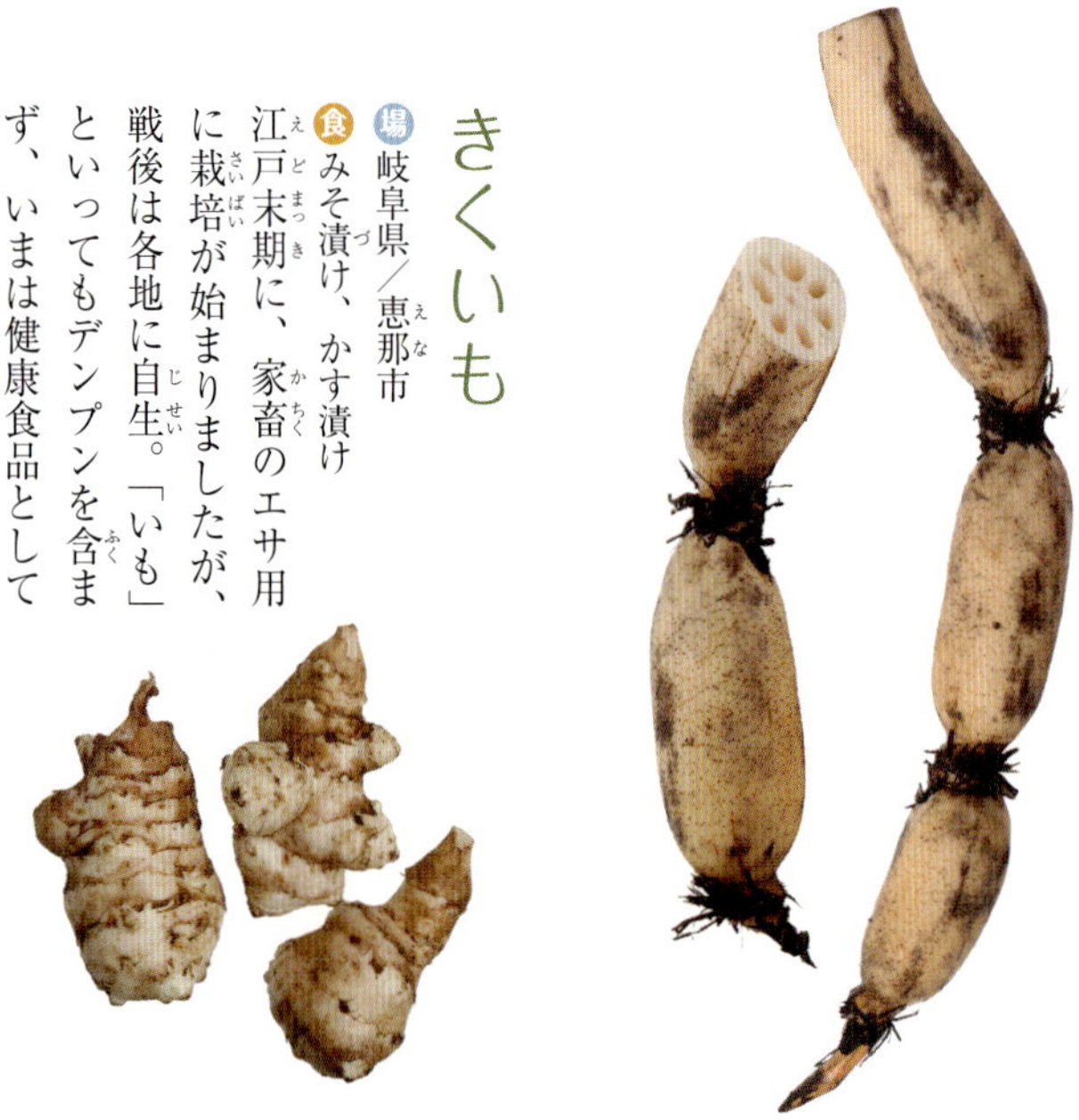

きくいも

場 岐阜県／恵那《えな》市
食 みそ漬《づ》け、かす漬け
江戸末期《えどまっき》に、家畜《かちく》のエサ用に栽培《さいばい》が始まりましたが、戦後は各地に自生《じせい》。「いも」といってもデンプンを含《ふく》まず、いまは健康食品として注目《ちゅうもく》されています。

●はすの伝来《でんらい》　美しい花を咲《さ》かせるはすは、まず、観賞用《かんしょうよう》が伝わり、その後、食用の品種《ひんしゅ》が入ってきました。

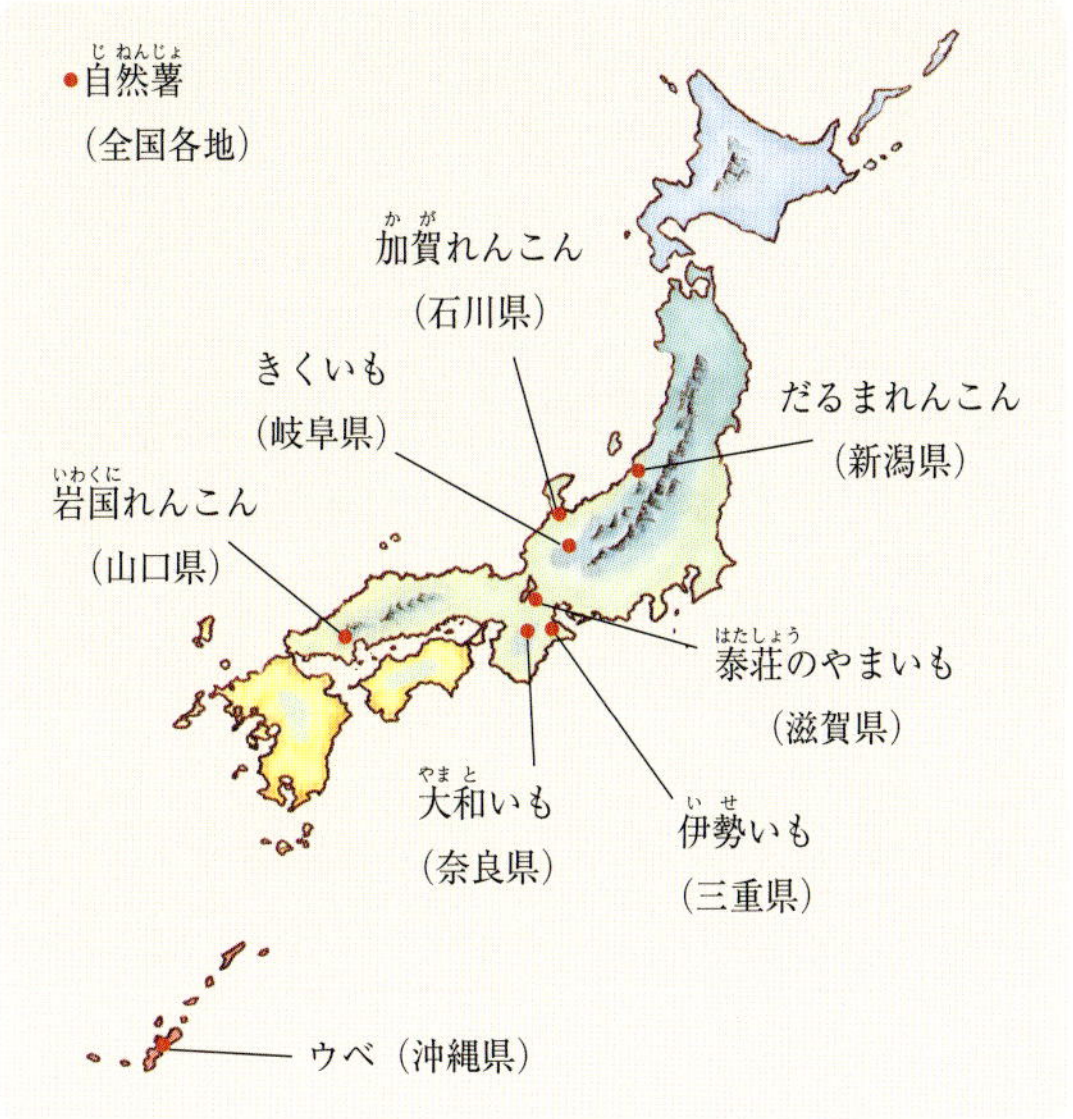

やまのいもの種類

日本の野山に自生《じせい》している「やまのいも」を「自然薯《じねんじょ》」とよびます。「ながいも」は栽培《さいばい》用に作り出されたやまのいもの一種で、棒《ぼう》のような形をしています。そのほかに、げんこつのような形の「つくねいも」と、手のひらのような形の「いちょういも」も、やまのいもの一種です。やまのいもはどれにも強い粘《ねば》りがあるのが特徴《とくちょう》です。

ウベ（紅山《べにやま》いも）

場 沖縄県
食 沖縄菓子《かし》

天然《てんねん》のやまのいもの一種。果肉《かにく》が紅紫色《べにむらさきいろ》でポリフェノールの一種アントシアニンを多く含《ふく》んでいます。粘《ねば》りが強いのが特徴《とくちょう》。

秦荘《はたしょう》のやまいも

場 滋賀県／愛荘町《あいしょうちょう》周辺
食 とろろ汁、和菓子《わがし》

江戸《えど》時代に伊勢参《いせまい》りのみやげとして持ち帰られ、栽培《さいばい》されるようになったそうです。黒っぽく、表面はでこぼこです。棒状《ぼうじょう》の形がよいとされます。すりおろすと粘《ねば》りが強く、まろやかな舌《した》ざわりに。甘《あま》くて味が濃《こ》いいもです。

漢方《かんぽう》では「山薬《さんやく》」とよばれています

いもの中で、生で食べることができるのは、やまのいもだけ。古くから「山うなぎ」とよばれ、疲《つか》れを回復《かいふく》させる野菜として知られています。漢方では「山薬」とよばれています。

大和《やまと》いも

場 奈良県／御所《ごせ》市、天理《てんり》市、桜井《さくらい》市
食 とろろ、和菓子

つくねいもの仲間で、奈良地方の在来品種《ざいらいひんしゅ》。ながいもが日本に伝わる前から、山に自生《じせい》し、古くから栽培《さいばい》されていました。げんこつ型で、とてもキメが細かく粘《ねば》り気《け》が多いのが特徴《とくちょう》です。とろろごはんや、すりおろして汁ものに落とすとお餅《もち》のような具にもなります。また、まんじゅうなどのお菓子素《かしそ》材《ざい》としても使われます。関東などで「やまといも」とよぶものは、平たい形の「いちょういも」のことです。

自然薯《じねんじょ》

場 全国各地
食 山かけ、和菓子《わがし》

北海道から九州まで、山野に広く自生《じせい》しているいものことで、「やまのいも」、「やまいも」などよび方もさまざまあります。天然《てんねん》のものを「自然薯」、畑で栽培《さいばい》したものを「やまいも」と区別したりすることもありますが、決まったルールはありません。粘《ねば》りが強く、良質《りょうしつ》のデンプン質、消化酵素《しょうかこうそ》がたくさん含《ふく》まれていて、食べたものの消化吸収《きゅうしゅう》を助けます。

伊勢《いせ》いも

場 三重県／多気《たき》郡多気町津田《つだ》地区
名 津田薯《つだいも》、松坂薯《まつさかいも》
食 とろろ

300年以上前から栽培《さいばい》されている、やまのいもの一種。ごつごつした形で粘《ねば》りがとても強いが、アクは少なめ。

●むかごってなに？　やまのいもの葉のつけねにできる、豆のようなものがむかごです。ゆでて食べたり、ご飯に炊《た》きこんだりします。これはいったいなんでしょう？ 調べてみましょう。

九州の伝《でん》統《とう》野《や》菜《さい》

日本の玄関《げんかん》だった出島《でじま》からたくさんの野菜が、日本中に広がりました

鎖国《さこく》していた江戸《えど》時代には、長崎の出島からさまざまな海外の植物が入ってきました。そして、九州でいち早く定着《ていちゃく》した野菜も多くあります。庶民《しょみん》を飢餓《きが》から救《すく》ったさつまいもも、南方《なんぽう》からもたらされ、温暖《おんだん》な九州で栽培《さいばい》が始まりました。福岡から鹿児島まで、各地にいろいろな伝統品種《でんとうひんしゅ》が存在《そんざい》します。

九州地方の伝統野菜《でんとうやさい》

- 福岡県では、博多《はかた》ふるさと野菜を語る会が「博多ふるさと野菜」を紹介《しょうかい》。
- 長崎県では、県が「ながさきの伝統野菜」を定義《ていぎ》し、選定。
- 熊本県では、県が「くまもとふるさと伝統野菜」を定義し、選定。また、熊本市も「ひご野菜」を指定しています。
- 鹿児島県では県が「かごしまの伝統野菜」を定義し、選定。

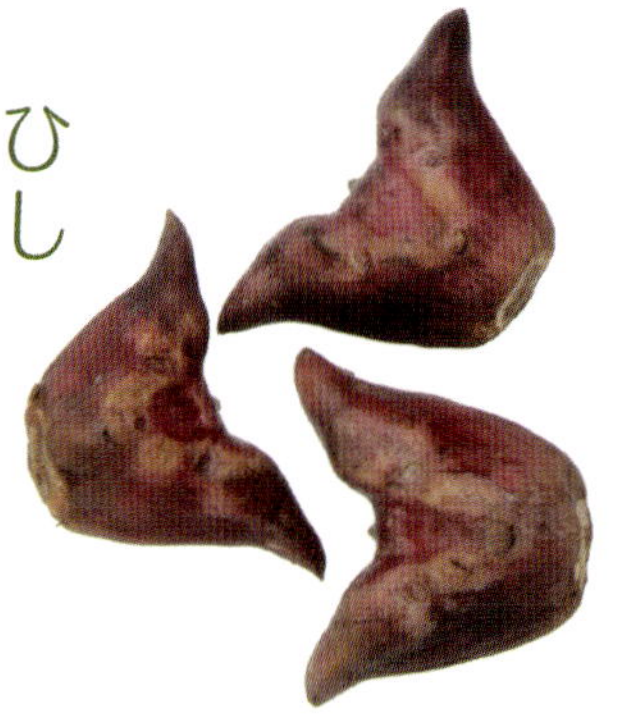

ひし

場 佐賀県／佐賀平野《へいや》クリーク
食 塩ゆで、あめ煮《に》、ひしご飯

ひしは水路《すいろ》（クリーク）で育つ水草の実で、くわいに似《に》た味わいがあります。たらい舟に乗って収穫《しゅうかく》する風《ふう》景《けい》は佐賀の秋の名物《めいぶつ》です。

合馬《おうま》のたけのこ

場 福岡県／北九州合馬《きたきゅうしゅうおうま》地区
食 若竹煮《わかたけに》、たけのこご飯、刺身《さしみ》、煮《に》もの、汁《しる》もの

明治《めいじ》時代から栽培《さいばい》されていた合馬地区のたけのこは、皮や肉質《にくしつ》が白く、やわらかいので、「白子《しらこ》」とよばれます。

糸《いと》巻《ま》き大《だい》根《こん》

場 宮崎県／西米良村《にしめらそん》
名 米良《めら》大根
食 なます、しゃぶしゃぶ、煮《に》もの、漬《つ》けもの

紫色《むらさきいろ》の糸をまきつけたようなすじが入るのが特徴《とくちょう》のだいこん。甘《あま》みが強く、なめらかな食感です。

熊《くま》本《もと》赤《あか》なす

場 熊本県
名 熊本長なす、「ひごむらさき」
食 田楽《でんがく》、焼きなす、漬《つ》けもの、天ぷら

皮は赤紫色《あかむらさきいろ》をしていて、長さが30㎝もある大きななす。果肉《かにく》はやわらかく、焼きなすにするとトロリとします。

●万能調味料《ばんのうちょうみりょう》　九州で料理に欠《か》かせないものといえば「ゆずごしょう」。柚子《ゆず》の皮と生の唐辛子《とうがらし》に塩を加えたもので、辛《から》みと香《かお》りが合わさったさわやかな調味料です。

沖縄の伝《でん》統《とう》野《や》菜《さい》

沖縄野菜は島野菜とよばれ、独《どく》特《とく》の品《ひん》種《しゅ》やさまざまな調《ちょう》理《り》法《ほう》があります

沖縄県は、17世紀までは琉球王国《りゅうきゅうおうこく》として、独自の歴史文化をもっていました。沖縄本島《ほんとう》のほか石垣島《いしがきじま》、西表島《いりおもてじま》、宮古島《みやこじま》などの島々があり、中国《ちゅうごく》や台湾《たいわん》などと交流がさかんでした。平均気温23℃、平均降水量《こうすいりょう》60ミリ以上という亜熱帯気候《あねったいきこう》のため、独特の野菜が栽培《さいばい》され、特有の食文化が発達してきました。

沖縄の伝統的《でんとうてき》農産物の定義《ていぎ》

(沖縄県による)

1 沖縄の気候や風土《ふうど》に合っていて、戦前から食べられていること。

2 郷土《きょうど》料理に利用されていること。

サフナ(ぼたんぼうふう、長命草《ちょうめいそう》)

食 やぎ汁、魚汁《さかなじる》などの薬味《やくみ》、天ぷら

海岸に自生《じせい》する野草。葉に厚《あつ》みがあって、独特《どくとく》のほろ苦さと香《かお》りが好《この》まれています。

クワンソウ(かんぞう)

食 和えもの(若芽、葉)、酢《す》のもの(花)、天ぷら(花)

野山にあるユリ科の多年草《たねんそう》。葉を食べますが、中華《ちゅうか》料理でもつぼみを食材に使います。沖縄では「眠《ねむ》り草」とよび、不眠症《ふみんしょう》への効能《こうのう》が信じられています。

シマナー(からし菜《な》)

食 塩漬《しおづ》け、おひたし、いためもの、汁《しる》の具。

独特《どくとく》の辛《から》みがあって、煮《に》ものやチャンプルーなどに使われます。

ダッチョウ(島らっきょう)

名 らっちょう

食 生食、漬《つ》けもの

通常《つうじょう》のらっきょうと比《くら》べると細くて小さいですが、香《かお》りと辛《から》みが強いのが特徴《とくちょう》です。塩漬《しおづ》けにしてかつおぶしをかけて食べるのが定番《ていばん》。

フーチバー(にがよもぎ)

食 フーチバー・ジューシー

やわらかな葉を生で食べます。ソーキそばややぎ汁の薬味《やくみ》としては欠《か》かせません。ビタミンAやカルシウム、カリウム、鉄分《てつぶん》などを多く含《ふく》む。薬草《やくそう》として煎《せん》じ汁《じる》を飲むことも。

●料理の名前　チャンプルーは野菜と豆腐《とうふ》をいためたもの。ンブシーはみそ味の煮《に》こみのこと。ジューシーは炊《た》きこみご飯。

はくさい

漬《つ》けもの向けとして人《にん》気《き》が出たはくさい

はくさいは中国北部の原産《げんさん》で、11世紀にはアジアの地域を中心に食べられるようになりましたが、日本に伝わったのは明治《めいじ》初期。大《たい》正《しょう》時代になると、漬《つ》けもの向けの菜っ葉として人気になりました。葉がぎゅっとつまって丸まったものが一般《いっぱん》的ですが、葉の上の方だけが外側にむけて開いたもの、全体の葉がゆるく広がったものなどがあります。

唐人菜《とうじんな》

場 長崎県／長崎市
名 長崎白菜《はくさい》、唐菜《とうな》、ひろな
食 雑煮《ぞうに》、鍋《なべ》料理、漬《つ》けもの、油いため

江戸《えど》時代に中国山東省《さんとうしょう》から伝来《でんらい》したと言われています。ちりめん状の葉が外に広がる半結球《はんけっきゅう》のはくさいで、長崎雑煮に欠《か》かせない野菜です。

下山千歳白菜《しもやまちとせはくさい》

場 東京都／世田谷《せたがや》区北烏山発祥《きたからすやまはっしょう》
名 大千歳白菜《おおちとせはくさい》
食 漬《つ》けもの

戦後、下山義雄《しもやまよしお》氏が育種《いくしゅ》した大型品種で、10kgほどに育ちます。葉は中まで白くやわらかで、保存性《ほぞんせい》も高いのが特《とく》徴《ちょう》。

仙台白菜《せんだいはくさい》

場 宮城県／仙台市
名 仙台伝統白菜松島純二号《でんとうはくさいまつしまじゅんにごう》
食 漬《つ》けもの、鍋《なべ》もの、生食

肉厚《にくあつ》でやわらかく、甘《あま》みがあるのが特徴《とくちょう》。

山東菜《さんとうさい》

場 埼玉県／越谷《こしがや》市や吉川《よしかわ》市
食 漬《つ》けもの

明治《めいじ》末期に草加《そうか》市周辺に伝わった半結球《はんけっきゅう》の白菜。大型で葉先は外に開いています。

笹川錦帯白菜《ささがわきんたいはくさい》

場 山口県／岩国《いわくに》市錦見《にしみ》地区
食 水炊《みずた》き、煮《に》もの、漬《つ》けもの、サラダ

葉はやわらかく、アクもないので生食にも向きます。

●はくさいの種子《しゅし》　日清《にっしん》、日露《にちろ》戦争から帰って来た兵士が中国から持ち帰った種子《しゅし》をもとに、日本の風土《ふうど》に合う新しい品種《ひんしゅ》のはくさいが作られました。

ほうれんそう・しゅんぎく

ほうれんそうは東洋系《とうようけい》と西洋系《せいようけい》の中間品種《ちゅうかんひんしゅ》が人気《にんき》に

西アジア原産《げんさん》のほうれんそうには、そこから東の中国へ伝わった「東洋系」と、西のヨーロッパへ伝わった「西洋系」があります。日本へは、江戸《えど》時代の初期に東洋系が、江戸時代の末期に西洋系が入ってきました。東洋系ほうれんそうは、葉がぎざぎざで、やわらかく、根もとが赤いのが特徴《とくちょう》です。一方、西洋系は、丸葉《まるば》で厚みがありますが、くせのある香《かお》りがします。昭和《しょうわ》の初めごろ、両方のいいところをあわせ持った品種（交雑《こうざつ》種《しゅ》）が作り出され、それが主流《しゅりゅう》となりました。

次郎丸《じろうまる》ほうれんそう

場 愛知県／稲沢《いなざわ》市

食 和《あ》えもの、いためもの

大正《たいしょう》時代から栽培《さいばい》されている東洋系《とうようけい》のほうれんそう。独特《どくとく》の風味《ふうみ》を持ちます。葉に切れこみが多くてやや細長く、根は鮮《あざ》やかな紅色《べにいろ》。寒さに当たると甘《あま》みが出ます。稲沢市次郎丸地区が発祥《はっしょう》。

しゅんぎくには独特な香《かお》りが

黄色の美しい花を咲《さ》かせるしゅんぎくは、ヨーロッパでは観賞《かんしょう》用《よう》として作られていました。東南アジアに伝わると、その独特《どくとく》な香《かお》りがアジアの人々に好《この》まれ、野菜として食べられるようになりました。日本へは室町《むろまち》時代に伝わり、江戸《えど》時代末《すえ》から、西日本を中心に栽培《さいばい》されるようになりました。

大葉《おおば》しゅんぎく

場 福岡県／北九州《きたきゅうしゅう》市

名 なべしゅんぎく

食 なべもの、酢《す》みそあえ、サラダ

葉は丸くて厚みがあり、アクがなくて食べやすいしゅんぎくです。

赤根《あかね》ほうれん草

場 山形県／山形市、天童《てんどう》市、上山《かみのやま》市

食 おひたし、汁《しる》もの、いためもの

切葉《きりば》や剣葉《けんば》の東洋系《とうようけい》ほうれんそうで根が赤く、甘《あま》みがあるのが特徴《とくちょう》。昭和《しょうわ》2～3年ごろに栽培《さいばい》していたものから根の部分が特に赤いものを選抜《せんばつ》し、この地に合うように改良《かいりょう》しました。

金沢《かなざわ》春菊《しゅんぎく》

場 石川県／金沢市三馬《みんま》地区、かほく市

名 つまじろ（端白）

食 おひたし、あえもの、なべもの

大葉種《おおばしゅ》といわれる、葉の切れこみが浅いしゅんぎく。江《え》戸《ど》時代に加賀《かが》に伝わったと言われています。

●名前の由来《ゆらい》　原産地《げんさんち》であるペルシャ（現在のイラン）のことを中国では「菠薐（ポーレン）」とよんでいたことから、「菠薐草《ほうれんそう》」というよび名になったという説があります。

ほうれんそう 旬 11月～3月（翌年）
1 2 3（翌年）4 5 6 7 8 9 10 11 12

しゅんぎく 旬 11月～3月（翌年）
1 2 3（翌年）4 5 6 7 8 9 10 11 12

漬《つ》け菜《な》

漬け菜は全国各地で名物《めいぶつ》漬けものに

小松菜《こまつな》や水菜《みずな》など、アブラナ科の葉もの野菜の中で、キャベツのように丸くならないものをまとめて「漬け菜」とよびます。漬け菜の祖先《そせん》は中央アジアに多く分布《ぶんぷ》していて、中国で野菜として発達したと考えられています。日本には9世紀ごろに伝わり、たくさんの品種が生まれました。味が濃《こ》くなる寒い時期に収穫《しゅうかく》される野菜で、漬けものにされることが多く、「野沢菜《のざわな》漬け」「広島菜漬け」など、全国各地にたくさんの名産品があります。新鮮《しんせん》な野菜が手に入りにくい冬の時期、人々は菜っ葉《なっぱ》を漬けものという保存食《ほぞんしょく》に加工して、大切に食べ続けてきました。

まんば

場 香川県

名 紫長大葉《むらさきながおおば》タカナ、百華《ひゃっか》（県西部）、万葉《まんば》（県東部）

食 漬《つ》けもの（新芽《しんめ》）、まんばのけんちゃん（いため煮《に》）

漬けもの用の高菜《たかな》の一種。霜《しも》に強く、葉をかき取っても次々と出てくるため冬野菜として利用されました。寒さに当たると葉がやわらかくなり、甘《あま》みが増します。

中島菜《なかじまな》

場 石川県／七尾《ななお》市中島町

食 漬《つ》けもの、おひたし

明治《めいじ》のころから中島地区で栽《さい》培《ばい》されている、漬けもの用の野菜。シャキシャキした食感と苦《にが》みが好《この》まれています。

山形青菜《せいさい》

場 山形県

食 漬《つ》けもの、煮《に》びたし、いためもの

肉厚《にくあつ》で辛《から》みのある高菜の仲間。2～3日干《ほ》してから塩漬けにし、本漬けしたものが「青菜漬け」。パリパリとした食感が残るおいしい漬けものになります。

かき菜《な》

場 栃木県／佐野《さの》市両毛《りょうもう》地区

食 おひたし、いためもの、煮《に》びたし、汁《しる》の具

冬から春にかけて栽培《さいばい》される葉もの野菜。芯葉《しんよう》を外側から順にかきとって収穫《しゅうかく》するので、この名前があります。

3度楽しむ野沢菜《のざわな》漬《づ》け

漬けこんだばかりの浅漬けは、あざやかな緑色で、シャキシャキとした歯《は》ごたえがあります。1ヶ月ほど経《た》った本漬けは、べっこう色に変わり、味がなじんでよりいっそうおいしくなります。数ヶ月経《た》った古漬けは、発酵《はっこう》してすっぱくなります。このまま食べるほか、煮《に》ものにしたり、おやきの具にしたり、チャーハンや粕汁《かすじる》に加えたりと、いろいろな食べ方で楽しみます。

野沢菜《のざわな》

場 長野県／野沢温泉村発祥《はっしょう》

名 かぶ菜、三尺菜《さんじゃくな》、信州菜《しんしゅうな》

食 漬《つ》けもの

江戸《えど》時代に健命《けんめい》寺の和尚《おしょう》が、京都から持ち帰った天王《てんのう》寺かぶらを植えたところ、突然変異《とつぜんへんい》でかぶの小さな野菜に育ったことが始まりです。

●漬《つ》けものだけではない　漬け菜は、漬けもの以外にも、煮《に》ものやいためもの、鍋《なべ》ものの具などにも利用されます。

信夫冬菜《しのぶふゆな》

場 福島県／福島市渡利《わたり》地区
食 煮《に》びたし、和《あ》えもの

大正《たいしょう》末期から栽培《さいばい》されている、小松菜に近い漬《つ》け菜《な》。風味《ふうみ》がよく、凍《し》み豆腐《どうふ》といっしょに煮びたしにするのが定番の料理です。

かつお菜《な》

場 福岡県／博多《はかた》地方
食 ちり鍋《なべ》、汁もの、おひたし、煮《に》もの、漬《つ》けもの

高菜《たかな》の一種で、料理の出汁《だし》に鰹節《かつおぶし》がいらないほどうま味があることからこの名前がつきました。「かつ＝勝」とかけて、縁起《えんぎ》野菜とされています。

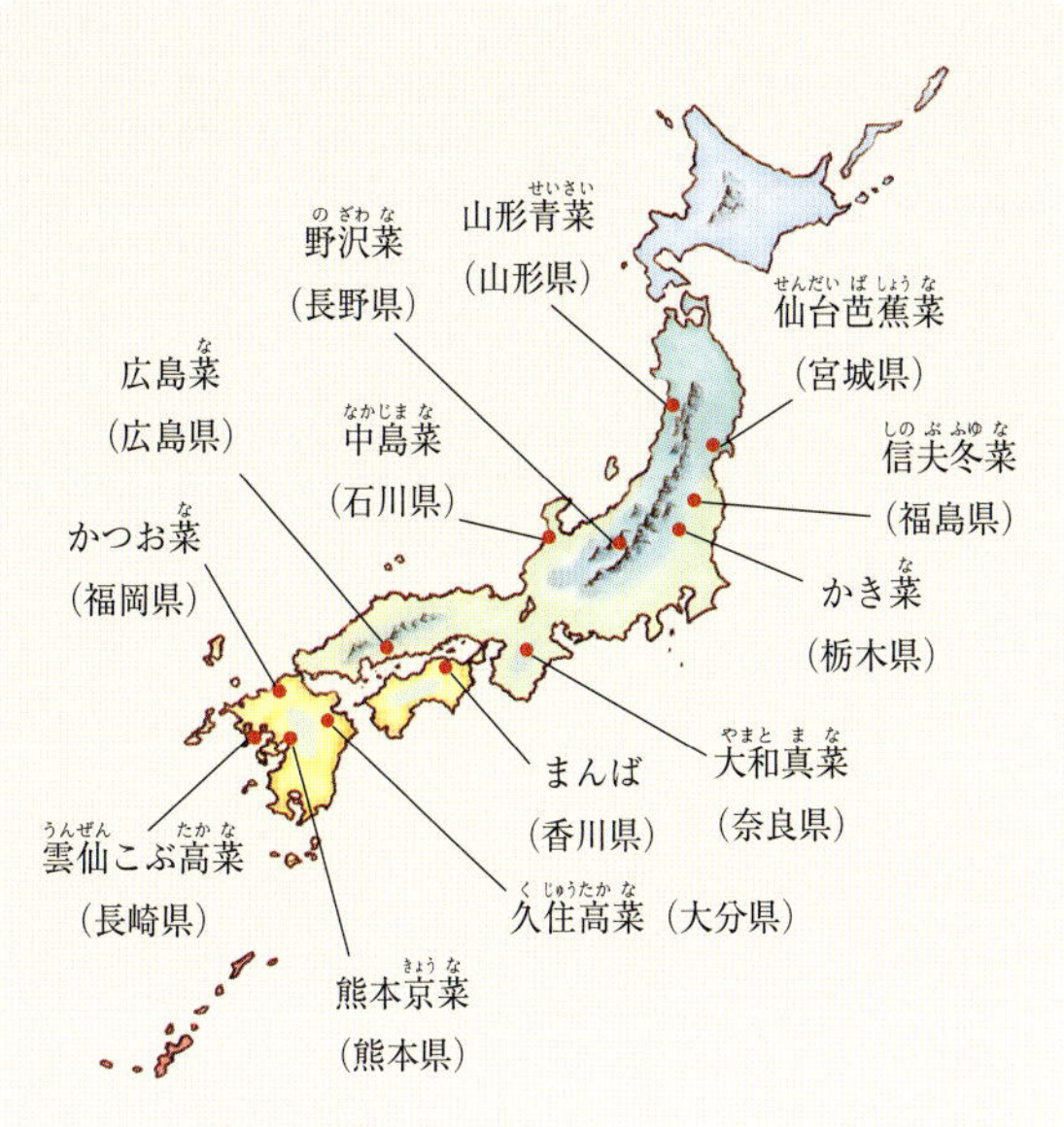

広島菜《な》

場 広島県／広島市
名 京菜《きょうな》、平茎《ひらぐき》、餅菜《もちな》
食 漬《つ》けもの

白菜《はくさい》とかぶの中間《ちゅうかん》にある漬け菜。京都の京菜《きょうな》を持ち帰ったのが始まりとされていますが、明治《めいじ》時代、「広島カキ船」でカキに合う漬けものとして使われるようになって広まりました。

仙台芭蕉菜《せんだいばしょうな》

場 宮城県
食 漬《つ》けもの

葉の形が芭蕉（バナナの近《きん》種《しゅ》）のような大型の漬《つ》け菜《な》。おもに漬けもの用として農家で自家用《じかよう》に栽培《さいばい》されています。

大和真菜《やまとまな》

場 奈良県／大和高田市《やまとたかだし》、宇陀市《うだし》
名 まな
食 煮《に》もの、漬《つ》けもの、いためもの、おひたしなど

冬の貴重《きちょう》な青菜《あおな》として、古くから栽培《さいばい》されてきた漬け菜《な》の一種。ほかの漬け菜にはないやわらかさと独特《どくとく》の風味《ふうみ》、甘《あま》さがあります。

久住高菜《くじゅうたかな》

場 大分県／久住高原、竹田市《たけたし》
食 漬《つ》けもの

山間部《さんかんぶ》の高冷地《こうれいち》で古くから栽培《さいばい》されてきた葉からし菜。近県《きんけん》の阿蘇《あそ》高菜《たかな》に似《に》ていますが、葉の切れこみが多く大きいのが特徴《とくちょう》。

熊本京菜《きょうな》

場 熊本県
名 肥後《ひご》京菜
食 雑煮《ぞうに》

江戸《えど》の初めごろ、細川家《ほそかわけ》が持ちこんだと伝えられる小《こ》松菜《まつな》の一種。葉が内側に湾《わん》曲《きょく》するのが特徴《とくちょう》で、雑煮に欠《か》かせない野菜です。

雲仙《うんぜん》こぶ高菜《たかな》

場 長崎県／雲仙吾妻町《あづまちょう》
食 漬《つ》けもの、サラダ、いためもの

葉は大きく、茎《くき》のつけ根に大きなこぶができるのが特《とく》徴《ちょう》。味が良くやわらかいので、生食にも使われます。

●塩の力　漬《つ》けものにはたくさんの塩を使います。塩は野菜から水分を引き出し、うまみや栄養分《えいようぶん》を閉じこめる働きがあります。また、雑菌《ざっきん》がふえるのをおさえる役割《やくわり》もあります。

ねぎ・わけぎ

ねぎ 旬 11月〜3月（翌年）

わけぎ 旬 9月〜4月（翌年）

	ねぎ	わけぎ
1	●	●
2	●	●
3	●	●
4		●
5		
6		
7		
8		
9		●
10		●
11	●	●
12	●	●

日本のねぎは根深《ねぶか》ねぎと葉ねぎに分けられます

日本への伝来《でんらい》はとても古く、日本最古の歴史書である『日本書紀《にほんしょき》』にも「ねぎ」という表記があります。平安《へいあん》時代にはさかんに栽培《さいばい》されていました。

日本で食べられているねぎは、大きく分けて「根深ねぎ」と「葉ねぎ」の2つがあります。根深ねぎは白い部分に土をかぶせて、長く育てたもの。関東より北で多く食べられ、「白ねぎ」ともよばれます。葉ねぎは緑色の部分を食べるねぎで、関西より西に多く、「青ねぎ」とも言われます。ほかに、両方の中間的な品種や、その地方独特の栽培方法で作られているねぎもあります。

下仁田《しもにた》ねぎ

場 群馬県／下仁田町

名 殿様《とのさま》ねぎ、上州《じょうしゅう》一本ねぎ

食 すき焼き、煮《に》もの

江戸《えど》時代から作られているねぎで、かつて江戸の大名《だいみょう》からたくさんの注文《ちゅうもん》があったため、「殿様ねぎ」ともよばれています。太くて短いねぎですが、加熱《かねつ》するととても甘《あま》くなります。

仙台《せんだい》曲《ま》がりねぎ

場 宮城県／仙台市宮城野《みやぎの》区岩切《いわきり》

食 鍋《なべ》もの、薬味《やくみ》

やわらかく甘《あま》みがあり、歯ざわりもよい品種《ひんしゅ》です。根深《ねぶか》ねぎを浅い土に寝《ね》かせて植えるため曲がるのが特徴《とくちょう》。これが大正《たいしょう》時代初期に始まった「やとい」という栽培《さいばい》方法です。

岩津《いわつ》ねぎ

場 兵庫県／朝来《あさご》市

食 鍋《なべ》もの、焼きねぎ、ぬた、薬味《やくみ》、揚《あ》げものなど

江戸《えど》時代、京都から種子《しゅし》を持ち帰り、生野銀山《いくのぎんざん》で働く人々の冬の栄養源として栽培《さいばい》したのが始まりとされます。根深《ねぶか》ねぎと葉ねぎの中間種《ちゅうかんしゅ》で、青い葉から白い根まで食べることができます。

千住一本《せんじゅいっぽん》ねぎ

場 東京都／荒川《あらかわ》区と足立《あだち》区にまたがる千住地域発祥《はっしょう》

食 鍋《なべ》もの、薬味《やくみ》、汁《しる》の具

根深《ねぶか》ねぎを土寄《つちよ》せして、白い部分を長くする栽培法《さいばいほう》は、江戸《えど》時代の砂村《すなむら》（現在の江東《こうとう》区北砂《きたすな》、南砂《みなみすな》）で生まれました。江戸の千住市場には、良質《りょうしつ》なねぎが集まったことから、特に上質なねぎにこの名がつきました。

観音《かんおん》ねぎ

場 広島県／広島市西区観音地区

食 煮《に》もの、鍋《なべ》もの、お好み焼き、薬味《やくみ》

葉ねぎと白ねぎの中間《ちゅうかん》にあるねぎ。明治《めいじ》のはじめ、京都から九条《くじょう》ねぎの種を持ち帰り栽培《さいばい》が始まりました。独特の香《かお》りや風味《ふうみ》でやわらかく、稲《いな》わらで束《たば》ねて出荷《しゅっか》されるのが特徴《とくちょう》です。

会津地《あいづじ》ねぎ

場 福島県／会津地方

食 鍋《なべ》もの、汁《しる》もの、薬味《やくみ》

白い部分が太く短いのが特徴《とくちょう》です。東北地方に多い「加賀《かが》ねぎ」の一種。冬に貯蔵《ちょぞう》しておく間に甘《あま》みが強くなります。

●ねぎの茎《くき》はどこ？　葉には緑色の部分と白い部分があり、中心をつつむように何枚《まい》も巻《ま》いています。根もとのわずかな部分がねぎの茎《くき》です。

かぜをひいたらねぎを食べよう

「かぜをひいたら首にねぎを巻くといい」という言い伝えがあります。ねぎには特有《とくゆう》のつんとしたにおいがありますが、このにおい成分には、血行《けっこう》をよくし、頭痛《ずつう》、発熱《はつねつ》などの症状《しょうじょう》をやわらげる効果《こうか》があるといわれています。かぜ気味《ぎみ》のときには、きざんだねぎをたっぷり入れたみそ汁を飲むと、鼻づまりが治り、体が温まります。ぜひ、試してみてください。

九条《くじょう》ねぎ

場 京都府／京都市九条地区

食 薬味《やくみ》、ぬた、鍋《なべ》もの、和《あ》えもの

古く千三百年前に栽培《さいばい》が始まったとの記録があります。緑の葉を食べるネギで、ぬめりがあってやわらかく甘《あま》い、葉ネギの代表品種です。

平田赤《ひらたあか》ねぎ

場 山形県／酒田市旧平田町《さかたしきゅうひらたまち》

食 薬味《やくみ》、汁《しる》もの、ねぎ焼き、鍋《なべ》もの

根元《ねもと》が鮮《あざ》やかな紅色《べにいろ》が特徴《とくちょう》の一本ねぎ。生は辛《から》みがあり、加熱《かねつ》するとトロリと甘《あま》みが出ます。

越津《こしづ》ねぎ

場 愛知県／一宮市《いちのみや》、稲沢市《いなざわ》、江南市《こうなん》、津島市《つしま》

食 すき焼き、鍋《なべ》もの、薬味《やくみ》

江戸《えど》時代より現津島市越津で栽培《さいばい》されています。葉は緑の部分までやわらかく、食べることができます。よく株《かぶ》が分かれるのが特徴《とくちょう》です。

わけぎ

わけぎは江戸《えど》時代には「冬ねぎ」とよばれていた野菜で、西日本で多く栽培《さいばい》されていました。

ひともじ

場 熊本県／熊本市

名 わけぎ

食 「ひともじのぐるぐる」、汁《しる》もの、薬味《やくみ》

枝《えだ》分かれが多いわけぎ品種《ひんしゅ》。葉を茎《くき》にぐるぐる巻《ま》きつけて酢味噌《すみそ》で食べる「ひともじのぐるぐる」という郷土《きょうど》料理があります。

わけぎ

場 広島県／尾道市《おのみち》、三原市《みはら》

食 ぬた、汁《しる》もの、ふぐ料理、いためもの

古くから広島で栽培《さいばい》され、いまでは全国一位の生産量になっています。球根《きゅうこん》から育ち、ねぎとたまねぎとの雑種《ざっしゅ》とされています。

● 一文字《ひともじ》　ねぎの古い名前は「き」（葱、岐）といいます。たった一文字であることから、ねぎは「ひともじ」とよばれることもあります。

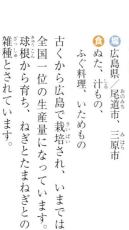

たまねぎ・ねぎの仲間

明治《めい》時代以降《じいこう》人気《にんき》の野菜に

たまねぎは、古代エジプトやメソポタミア文明のころから栽培《さいばい》された古い野菜です。肉料理と合うことからヨーロッパ各地に広がりました。日本には江戸《えど》時代に入ってきましたが、あまり普及《ふきゅう》せず、明治時代になって北海道で栽培が始まると、ようやく広がりました。

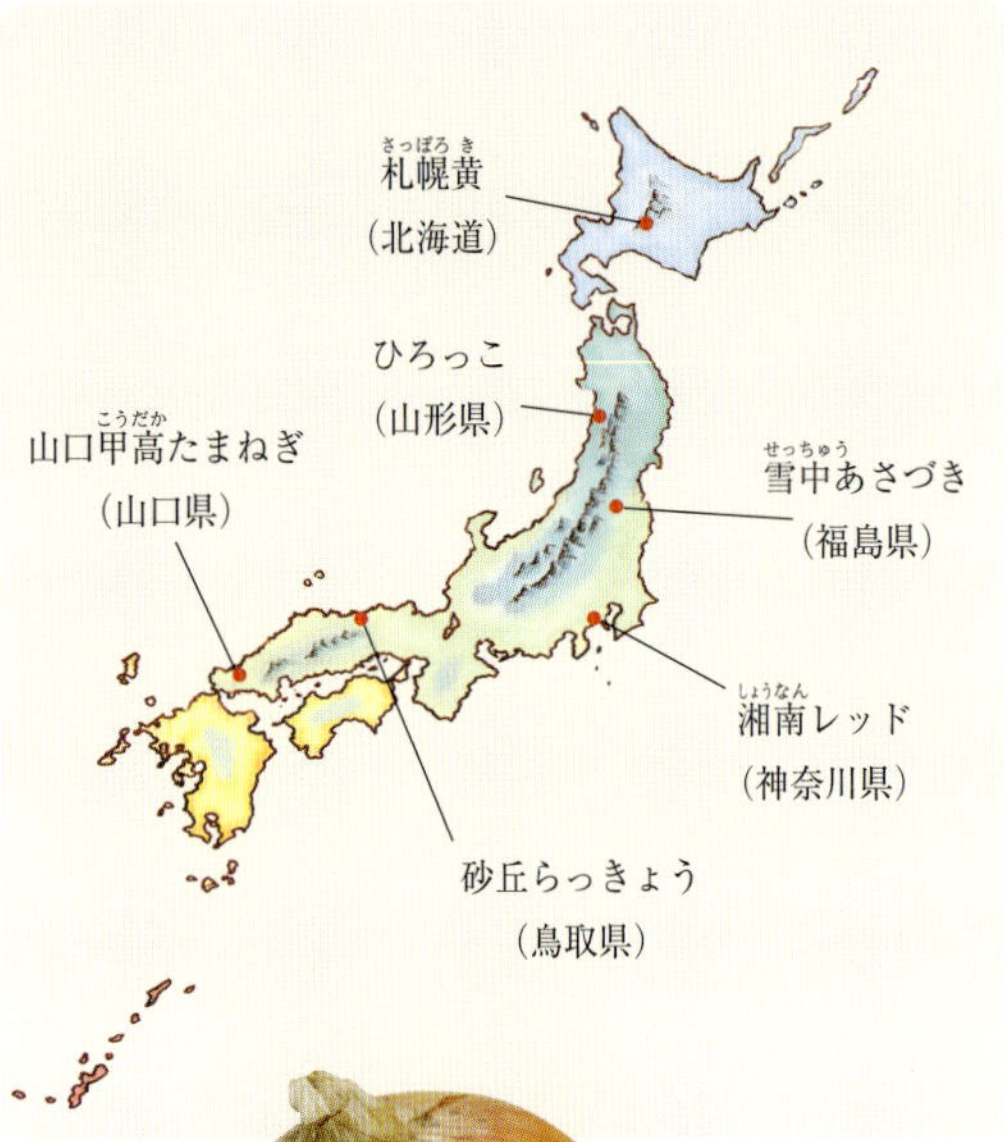

札幌黄《さっぽろき》

場 北海道
食 煮《に》こみ料理

明治《めいじ》11年に札幌農学校で栽培《さいばい》が始められた米国《べいこく》の「イエロー・グローブ・ダンバース」を改良《かいりょう》した品種《ひんしゅ》。味が良く、煮こむと甘《あま》みが強くなるのが特徴《とくちょう》です。

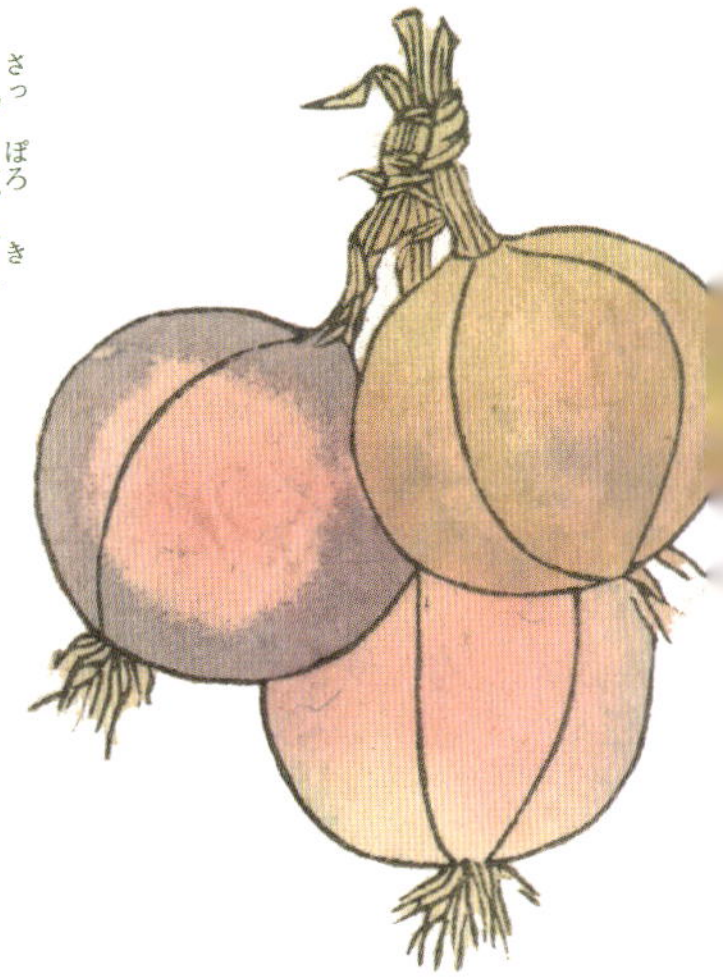

山口甲高《こうだか》たまねぎ

場 山口県／山口市秋穂二島《あいおふたじま》
名 山口丸
食 いためもの、煮《に》もの、あげもの

昭和《しょうわ》10年ごろ、山口市で生まれた品《ひん》種《しゅ》で、甘《あま》みが強く、日持ちがするたまねぎです。地元の小学校で復活栽《ふっかつさい》培《ばい》を行ったことが話題《わだい》になりました。

湘南《しょうなん》レッド

場 神奈川県／中郡二宮町《なかぐんにのみやまち》、大磯町《おおいそまち》
食 サラダ

辛《から》みが少ない生食用の紫《むらさき》たまねぎ。シャキシャキとした歯ごたえがあり、輪切りにすると大変きれいです。

ねぎの仲間

あさつきは葉が細く色も薄《うす》いねぎで、山野《さんや》で自生《じせい》している場合もあります。らっきょうは根の上のふくらんだ部分を食べます。どちらもねぎの仲間で、球根《きゅうこん》でふえる特徴《とくちょう》があります。

雪中《せっちゅう》あさづき

場 福島県／西会津町《にしあいづまち》、柳津町《やないづまち》周辺
名 弘法《こうぼう》あさづき
食 あさづきがゆ、酢《す》みそあえ、いためもの、天ぷら、薬味《やくみ》

弘法大師《こうぼうだいし》が伝えたといわれ、「弘法あさづき」ともよばれます。雪のなかで休眠《きゅうみん》しているねぎ類は、甘味《あまみ》を蓄《たくわ》え、豊《ゆた》かな風味《ふうみ》があります。

砂丘《さきゅう》らっきょう

場 鳥取県／鳥取市福部《ふくべ》地区
名 らくだ
食 甘酢《あまず》漬け

江戸《えど》時代、江戸の小石川薬園《こいしかわやくえん》から持ち帰ったものを栽培《さいばい》したのが始まりとされています。乾燥《かんそう》に強いため、砂地《すなち》での栽培が広がりました。

ひろっこ

場 山形県／最上《もがみ》地方
食 おひたし、天ぷら、酢《す》のもの、和《あ》えもの

山菜《さんさい》のあさつきを、畑で栽培《さいばい》するようになったもの。早春《そうしゅん》に雪の下から掘《ほ》り出して、芽《め》が出たものを出荷《しゅっか》します。

●カレーライスとたまねぎ　明治《めいじ》時代にイギリスからカレーが伝わり、あっという間に人気《にんき》になりました。そのため、カレーに欠《か》かせない材料であるたまねぎも普及《ふきゅう》したのです。

にんにく

古くから薬用《やくよう》として利用

中央アジアで生まれたにんにくは、中国経由《けいゆ》で日本に伝わりました。8世紀に書かれた『日本書紀《にほんしょき》』や『古事記《こじき》』にもにんにくについての記述《きじゅつ》があります。にんにくには、疲《つか》れを取り、体を元気にする効果《こうか》があるため、古くから薬草《やくそう》として利用されていました。しかし、その一方、刺激《しげき》が強すぎるので、僧侶《そうりょ》が食べてはいけないものでした。

神話の中のにんにく

「ヤマトタケルが旅の途中《とちゅう》で、白鹿《しろしか》に化《ば》けた山の神におそわれたとき、食べかけのにんにくを投げつけて、鹿《しか》を退治《たいじ》した」という話が『古事記《こじき》』の中にあります。にんにくを食べると力が出るということと、にんにくには魔力《まりょく》のようなものが秘《ひ》められているということを、当時の人々が信じていたことがわかります。

行者《ぎょうじゃ》ニンニク

場 北海道～近畿《きんき》

食 しょうゆ漬《づ》け、おひたし、ギョウザ

山野《さんや》に自生《じせい》しているネギの仲間。行者とは山にこもって修行《しゅぎょう》する人のことで、行者が食べて力がわいたという説や、においが強過ぎて食べることを禁《きん》じた説があります。

福地《ふくち》ホワイト六片《ろくへん》

場 青森県／十和田《とわだ》市、上北郡七戸町《かみきたぐんしちのへまち》、六戸町《ろくのへまち》、三戸《さんのへ》郡田子町《たっこまち》、東北町《とうほくまち》

食 いためもの、あげもの、薬味《やくみ》

国産にんにくの8割が青森産。この品種《ひんしゅ》は、南部町《なんぶちょう》福地地区で古くから栽培《さいばい》されていた品種で、鱗片《りんぺん》が6片で粒《つぶ》が大きく、皮も鱗片も白く美しいのが特徴《とくちょう》です。

にんにくに近いもの

ねぎの仲間の中で、特ににおいが強いものをまとめて、昔は「蒜《ひる》」とよんでいました。にんにくは「大蒜《おおびる》」、野生の「野蒜《のびる》」、行者《ぎょうじゃ》にんにくは「小蒜《こびる》」と表記されていました。

最上赤《もがみあか》

場 山形県／最上地方

食 にんにくごんぼ、あげもの

表皮《ひょうひ》は赤く、中は白色のにんにく。春になっても芽《め》が出にくく、貯蔵性《ちょぞうせい》にすぐれた品種《ひんしゅ》です。

のびる

場 北海道～沖縄

食 酢漬《すづ》け、しょうゆ漬け、天ぷら

ねぎの仲間で、春の野原や土手《どて》で見られる野草です。葉はにらのような感じで、根元の小さなたまねぎ状《じょう》の部分を食べます。味はらっきょうとにんにくのような感じで、刺激的《しげきてき》な香《かお》りと、ヌルッとした食感があります。

●名前の由来《ゆらい》　僧侶《そうりょ》はにんにくを食べてはいけなかったので、仏教《ぶっきょう》の「忍辱（にんにく）」（＝耐《た》え忍《しの》ぶこと）という言葉がにんにくの語源《ごげん》だともいわれています。

しょうが・みょうが・せり

しょうが 旬 6月～9月
みょうが 旬 6月～10月
せり 旬 11月～3月（翌年）

月	しょうが	みょうが	せり
1			旬
2			旬
3			旬
4			
5			
6	旬	旬	
7	旬	旬	
8	旬	旬	
9	旬	旬	
10		旬	
11			旬
12			旬

「翌年」

体を温めるしょうがは一年中楽しめます

熱帯《ねったい》アジア生まれのしょうがは、3世紀以前に中国から伝わりました。古くからその効能《こうのう》が知られ、体を温めたり、食欲《しょくよく》を高めたりする目的で利用されてきました。

食べているのは、地下にあるしょうがの茎《くき》（根茎《こんけい》）です。初夏《しょか》に出まわる葉しょうがは、根茎が小さいうちに葉ごと収穫《しゅうかく》したもので、甘酢《あまず》漬けにしたり、みそをつけて食べます。新しょうがは、芽《め》の先がほんのり赤い根しょうがで、夏に収穫します。秋に収穫し、2ヶ月以上保《ほ》管《かん》した根しょうがは「ひねしょうが」とよばれ、1年中出まわります。

谷中《やなか》しょうが

場 東京都／荒川《あらかわ》区西日暮里《にしにっぽり》あたり発祥《はっしょう》
食 生食

「谷中」といえば、江《え》戸《ど》のよび名で葉つきしょうがのこと。初夏《しょか》に早採《はやど》りしたものは、さわやかな香《かお》りで江戸時代から人気《にんき》でした。

出西《しゅっさい》しょうが

場 島根県／出雲《いずも》市斐川町《ひかわちょう》出西地区
食 サラダ、漬《つ》けもの、薬味《やくみ》、煮《に》もの、天ぷら

斐伊川《ひいかわ》周辺の砂地で古くから栽培《さいばい》されている小しょうがの一種。しょうが特有《とくゆう》の繊維質《せんいしつ》が少なく、上品な香《かお》りと辛《から》みが特徴《とくちょう》です。

みょうがの言い伝え

お釈迦様《しゃかさま》の弟子《でし》の一人はたいそう物忘《ものわす》れがひどく、自分の名前もすぐに忘れてしまいます。そこで、名前を書いた札《ふだ》を首から下げていましたが、今度は下げていたことさえ忘れてしまいました。その弟子の死後、彼のお墓《はか》のまわりにはたくさんのみょうがが生《は》えていました。そのため、「みょうがを食べると忘れっぽくなる」と言われるようになったようです。

陣田《じんだ》みょうが

場 群馬県／高崎《たかさき》市倉渕《くらぶち》の陣田地区
食 薬味《やくみ》、汁の具、漬《つ》けもの

昭和《しょうわ》初期に、陣田に自生《じせい》していた品種を移植《いしょく》し、栽培《さいばい》したのが始まりです。

早稲田《わせだ》みょうが

場 東京都／新宿《しんじゅく》区早稲田《わせだ》周辺
食 薬味《やくみ》、煮《に》びたし、甘酢《あまず》漬け

江戸《えど》時代、みょうがは広く自生《じせい》していましたが、早稲田村（新宿区）はみょうがの産地として知られていました。江戸後期には畑で栽培《さいばい》され、水はけのよい土地で、大きく香《かお》りがよいものができたそうです。薬味のほか、漬けものや汁《しる》ものの具などに用《もち》いられ、独特《どくとく》の風味《ふうみ》は江戸庶民《しょみん》に好《この》まれていました。

明治《めいじ》になって、早稲田周辺の田畑は宅地《たくち》になり、その栽培も消えてしまいましたが、近年になって、自生していた品種《ひんしゅ》で復活されました。

●しょうがの花　熱帯《ねったい》生まれのしょうがは、高温地域では花を咲《さ》かせますが、日本の気候ではめったに花を見ることはできません。

花のつぼみを食べるみょうが

東アジア原産《げんさん》で、古く日本に伝わったとされ、山野《さんや》に多く自生《じせい》している野菜です。食べているのは花のつぼみが集まったもの（花穂《かすい》）。そのため、「花みょうが」とよぶ場合もあります。中国からしょうがといっしょに持ちこまれたとき、香《かお》りが強いしょうがを「兄香」（せのか）、弱いみょうがを「妹香」（めのか）とよんだことから、この名前になったといわれています。

一町田《いっちょうだ》せり

場 青森県／岩木町《いわきまち》一町田地区

食 おひたし、鍋《なべ》もの、みそ汁《しる》、漬《つ》けもの

昔から清らかな湧《わ》き水が豊富《ほうふ》で、せりの栽培《さいばい》がさかんでした。強い香《かお》りと歯ごたえが好《この》まれ、冬場の貴重《きちょう》な葉もの野菜として親しまれています。

水辺《みずべ》に自生《じせい》するせり

日本原産《げんさん》の野菜で、田んぼのあぜ道や水辺などのしめった場所を好《この》んで自生しています。さわやかな香《かお》りとシャキシャキとした歯ごたえがあり、おひたしや鍋《なべ》ものに利用されています。11月から3月にかけての寒い時期のものがおいしく、冷たい水に入って収穫《しゅうかく》をします。春の七草《ななくさ》のひとつです。

黒田《くろだ》せり

場 島根県／松江《まつえ》市黒田町周辺

食 おひたし、鍋《なべ》もの

江戸《えど》時代、稲刈《いねか》り後の水田での栽培《さいばい》が始まったそうです。古くから自生《じせい》していたものを肥沃《ひよく》な沼田《ぬまた》で栽培し、冬の味覚《みかく》となりました。

仙台《せんだい》せり

場 宮城県／名取《なとり》市上余田《かみようでん》地域

名 名取せり

食 おひたし、鍋《なべ》もの

江戸《えど》時代初期から、名取地方で自生《じせい》のせりを栽培《さいばい》し、それから改良《かいりょう》が進み栽培も広まったといわれています。

●せりなべ　宮城県名取《なとり》市は「仙台せり」の名産地。ここのせりなべは、せりの茎《くき》と根を入れるのが特徴《とくちょう》。その甘《あま》さにだれもがおどろきます。

山《さん》菜《さい》

山《さん》菜《さい》はほろ苦さを楽しむ季節の味

古くから山野《さんや》に自生《じせい》している植物の中から、おいしいものだけを「山菜」として食べてきました。その多くは、早春《そうしゅん》から初夏《しょか》にかけてつみ取ることができるものです。食用にするのは若《わか》い芽やつぼみなどの部分で、ほろ苦いものが多いのが特徴《とくちょう》です。季節の訪《おとず》れを感じる食材として好《この》まれ、天ぷらやおひたし、和《あ》えものなどで食べられます。山菜は、繊細《せんさい》な味を好む日本人に、昔から愛されてきました。

今では、その多くが、畑や専用の施《し》設《せつ》で栽培《さいばい》されるようになりました。

三《み》島《しま》うど

場 大阪府／茨木市《いばらきし》
食 酢《す》のもの、汁《しる》もの、サラダなど

江《え》戸《ど》時代から、根株《ねかぶ》に干《ほ》し草《くさ》や稲《いね》わらを何層《なんそう》にも重ね、その発酵熱《はっこうねつ》で軟化《なんか》させる温床《おんしょう》栽培《さいばい》です。純白《じゅんぱく》で太く大きく、香《かお》り高く、やわらかな食感が特徴《とくちょう》。

コロボックルの伝説

北海道のアイヌの伝説にはコロボックルという小人《こびと》が登場します。コロボックルとはアイヌ語で「ふきの葉の下に住む人」という意味です。コロボックルについてはいろいろな説がありますが、今でも北海道には背丈《せたけ》が３ｍにもなる大きな「らわんぶき」というふきがあります。

愛知早生《わせ》ふき

場 愛知県／知多半島《ちたはんとう》
食 煮《に》もの、きゃらぶき、和《あ》えもの

愛知県のふきの生産量は全国の約7割もあり、ハウス栽培《さいばい》されています。やわらかく食べやすいのが特徴《とくちょう》です。

東京うど

場 東京都／立川市《たちかわし》、小平市《こだいらし》
名 吉祥寺《きちじょうじ》うど、立川うど、井荻《いおぎ》うど
食 和《あ》えもの、煮《に》もの、きんぴら

江《え》戸《ど》末期に、吉祥寺（武蔵野市《むさしのし》）などで、栽培《さいばい》が始まりました。いもや桑《くわ》の貯蔵《ちょぞう》用の穴蔵《あなぐら》を利用し、日光をさえぎって、やわらかくて白いうどに育てます。

秋田ぶき

場 秋田県／秋田市仁井田《にいだ》、鹿角市《かづのし》
食 煮《に》もの、塩漬《づ》け、砂糖漬け

葉の直径は約１ｍ、長さは２ｍもあり、傘《かさ》になるほど巨大なふき。繊維《せんい》が多く歯ごたえがあります。

紅《べに》うど

場 岐阜県／恵那市《えなし》
食 生食、煮《に》もの

おがくずや土のなかで日光をさえぎって栽培《さいばい》したもので、明治《めいじ》ごろには農家で自家用に栽培されていました。鮮《あざ》やかに赤く香《かお》りが強いのが特徴《とくちょう》。

●ふきの名前の由来《ゆらい》　冬に黄色《きいろ》い花を咲《さ》かせることから、「冬黄《ふゆき》」となり、それが転じて「ふき」とよばれるようになったといわれています。

ゼンマイ

保存《ほぞん》して利用

わらびやぜんまいは、アクを抜《ぬ》いてから、日光に当ててカラカラになるまで干《ほ》し、乾燥《かんそう》させます。使うときは、水で戻《もど》してから調理します。うどやふき、いたどりなどは塩漬《しおづ》けに、きゃらぶきやつくしはしょうゆとみりんで、佃煮《つくだに》にしておくと、しばらく楽しむことができますし、ふきのとうはみそに混ぜて、おにぎりの具にしてもよいでしょう。野菜が少ない時期に有効利用できるよう、いろいろな形で山菜を保存してきました。

ふきのとう

場 全国各地
食 天ぷら、佃煮《つくだに》、和《あ》えもの

早春《そうしゅん》に、ふきの地下茎《けい》からのびた花のつぼみのことです。独特《どくとく》のほろ苦さと香《かお》りがあり、春を告《つ》げる味覚《みかく》として、珍重《ちんちょう》されてきました。

こごみ

場 全国各地
食 いためもの、天ぷら、和《あ》えもの

「くさそてつ」とよばれる、大きなシダの新芽《しんめ》です。アクが少なく、さっぱりと食べやすい山菜《さんさい》。

わらび

場 全国各地
食 煮《に》もの、おひたし、いためもの、たたき

全国各地に自生《じせい》し、古くは『万葉集《まんようしゅう》』にも詠《よ》まれるほど、広く親しまれた山菜《さんさい》。明治《めいじ》時代に栽培《さいばい》が始まりました。根の部分からはデンプンが採《と》れ、わらびもちなどの材料になります。

しおで

場 全国各地
食 ゆで、天ぷら

ほぼ全国に分布《ぶんぷ》するツル性の多年草《たねんそう》です。アスパラガスに似《に》ていてアクのない繊細《せんさい》な味です。何種類かあり、見分けの難《むずか》しい山菜だそうですが栽培《さいばい》もされています。

たらのめ

場 全国各地
食 天ぷら、和《あ》えもの、煮《に》びたし

山間部《さんかんぶ》に生《は》えるタラノキの新芽《しんめ》。木はトゲが多いのですが、その新芽はアクもなく、香《かお》りも甘味《あまみ》もあって山菜《さんさい》の王様とよばれるほどです。

よもぎ

場 全国各地
食 草もち、和《あ》えもの

全国の野山に自生《じせい》しています。春の若葉《わかば》を、草もちや草だんごに使います。アクが強いのですが、沖縄にはアクの少ない「ニシヨモギ」という品種があって、生でも食べることができます。

●山菜《さんさい》つみ　山菜つみは楽しい行事《ぎょうじ》ですが、まちがえて毒《どく》がある植物を採《と》って食べてしまう事故《じこ》が毎年起きています。必ず専門家《せんもんか》といっしょに行きましょう。

江《え》戸《ど》・東京の伝《でん》統《とう》野《や》菜《さい》

江《え》戸《ど》百万人が食べる野菜が肥《ひ》沃《よく》な江戸近《きん》郊《こう》で栽《さい》培《ばい》されました

徳《とく》川《がわ》家《いえ》康《やす》によって幕《ばく》府《ふ》が江戸に開かれるより前にも、関東平《へい》野《や》ではさまざまな作《さく》物《もつ》が栽培されてきました。しかし、江戸の市《し》街《がい》に全国から人が集中して人口が急《きゅう》増《ぞう》すると、米などの穀《こく》類《るい》以外の生《せい》鮮《せん》食《しょく》料《りょう》品《ひん》は、近《きん》郊《こう》の農家で栽培する必要がでてきました。

江戸に何カ所かあった青《あお》物《もの》市《いち》場《ば》には、数多くの種類の野菜が並《なら》びました。ほかにも、参《さん》勤《きん》交《こう》代《たい》でやってくる武《ぶ》家《け》が、地《じ》元《もと》の野菜を栽培することも増《ふ》えていきました。

戦後、東京は都市化が進み、農家の数が少なくなったため、めずらしい野菜はごくわずかな生産量になってしまいました。

江《え》戸《ど》東京野菜の定《てい》義《ぎ》

(江戸東京野菜推《すい》進《しん》委《い》員《いん》会《かい》で決定し、JA 東京中央会が承《しょう》認《にん》)

1 季節限《げん》定《てい》で「旬《しゅん》」があること。
2 江戸から昭《しょう》和《わ》の各時代に都民の食生活を支《ささ》え、食文化を育《はぐく》んだ野菜。
3 自《じ》家《か》受《じゅ》粉《ふん》で種をとることができること。

大《おお》蔵《くら》大《だい》根《こん》

場 世《せ》田《た》谷《がや》区大《おお》蔵《くら》原《はら》発《はっ》祥《しょう》
食 おでん、煮《に》もの

戦前までは、おでんや煮もの用のだいこんとして定着していました。近年では緑色の青《あお》首《くび》系に取って代わられ、一部の農家のみで栽《さい》培《ばい》されています。

奥《おく》多《た》摩《ま》わさび

場 奥多摩町、檜《ひの》原《はら》村《むら》

多《た》摩《ま》川《がわ》の源《げん》流《りゅう》と清《せい》涼《りょう》な気候で育つわさび。江《え》戸《ど》時代の中ごろ、江戸前のにぎり寿《ず》司《し》が流《りゅう》行《こう》しはじめ、わさびも特産品としてさかんに栽《さい》培《ばい》されました。

寺《てら》島《しま》なす

場 墨《すみ》田《だ》区東《ひがし》向《むこう》島《じま》発《はっ》祥《しょう》
名 蔓《つる》細《ぼそ》千《せん》成《なり》、江《え》戸《ど》なす
食 煮《に》もの、天ぷら、いためもの、漬《つ》けもの

香《かお》りが強く、果《か》肉《にく》がしっかりとしているなす。鶏《にわとり》の卵くらいの大きさで収《しゅう》穫《かく》します。

伝《でん》統《とう》小《こ》松《まつ》菜《な》

場 葛《か》西《さい》村《むら》(現在の江《え》戸《ど》川《がわ》区)発《はっ》祥《しょう》
名 後《ご》関《せき》晩《ばん》生《せい》、冬《ふゆ》菜《な》、うぐいす菜

江《え》戸《ど》時代「葛《か》西《さい》菜《な》」というおいしい葉ものがあり、それを小《こ》松《まつ》川《がわ》村で改良したのが「小松菜」。緑色が鮮《あざ》やかで濃《こ》すぎることがなく、葉も茎《くき》もやわらかでアクがないのが特《とく》徴《ちょう》です。

のらぼう菜《な》

場 あきる野市五《いつ》日《か》市《いち》
食 おひたし、和《あ》えもの、いためもの

クセがなくてあまみがあり、食べやすいうえ、育てやすい野菜です。江《え》戸《ど》時代の飢《き》饉《きん》のとき、代《だい》官《かん》が種を配《はい》布《ふ》して栽《さい》培《ばい》をすすめた「闍《じゃ》婆《ば》菜《な》」がのらぼう菜だといわれています。

亀《かめ》戸《い》大《だい》根《こん》

場 砂《すな》村《むら》(現在の江《こう》東《とう》区北《きた》砂《すな》、南《みなみ》砂《すな》)発《はっ》祥《しょう》
名 おかめ大根、お多《た》福《ふく》大根
食 浅《あさ》漬《づ》け

江《え》戸《ど》時代、関西系の四《し》十《じゅう》日《にち》大根の栽《さい》培《ばい》が、この種の始まりだといわれています。湾《わん》岸《がん》で気温が高いため小ぶりに育ち、かぶのようにやわらかく、葉とともに浅漬けで食されていたようです。

●復活の立《たて》役《やく》者《しゃ》 一度は消えてしまった東京の野菜を、地元の小学生や中学生が授業で栽《さい》培《ばい》を試《こころ》み、復活させた事例がいくつもあります。地域と一体となった、みごとな復活ストーリーです。

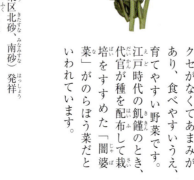

会津《あいづ》の伝統《でんとう》野菜《やさい》

寒さがきびしい会津地方だからこそ、特徴《とくちょう》ある野菜と食文化が生まれました

福島県の西部にある会津地方には、猪苗《いなわ》代湖《しろこ》や阿賀川《あががわ》からの豊《ゆた》かな水があり、土地は大変肥《こ》えていました。回りを山に囲まれている盆地《ぼんち》であるため、外の地域との交流が限られることや、夏はとても暑く冬は大雪におおわれるという特有の気候によって、この地方独特の風味《ふうみ》豊かな野菜が作られてきました。

江戸《えど》時代に村役人によって書かれた『会津農書《のうしょ》』は、当時の農業の様子《ようす》を知ることができる農業指導書。その中には、今でも栽培が続いている野菜もあり、会津伝統の食文化を守りつづけるための重要な手引きとして読み継《つ》がれています。

会津《あいづ》の伝統《でんとう》野菜《やさい》の定義《ていぎ》

（会津の伝統野菜を守る会による）

1 50年以上前から作られていて、現在も栽培《さいばい》されていること。
2 地名や人名がついていて、会津に由来《ゆらい》していること。
3 種や苗《なえ》が会津で生産されたものであること。

舘岩《たていわ》かぶ

場 南会津《みなみあいづ》の舘岩村や檜枝岐村《ひのえまたむら》あたり
食 かぶ飯、かぶ葉飯、漬《つ》けもの、煮《に》もの、サラダ

320年以上前から栽培《さいばい》されているかぶ。この地域で栽培しないとこれほど鮮《あざ》やかな赤紫色《あかむらさきいろ》にはなりません。あまり米がとれない地域なので、昔はこのかぶとアワやヒエをいっしょに炊《た》いていたそうです。

荒久田茎立《あらくだくきたち》

場 会津若松市《あいづわかまつし》町北町《まちきたまち》／荒久田が発祥《はっしょう》
名 くきたち
食 おひたし、からし和《あ》え、みそ汁、卵とじ

のびてきた花茎《かけい》を食べる茎立《くきたち》菜《な》で、江戸《えど》時代から作られています。春を告《つ》げる野菜として、親しまれています。

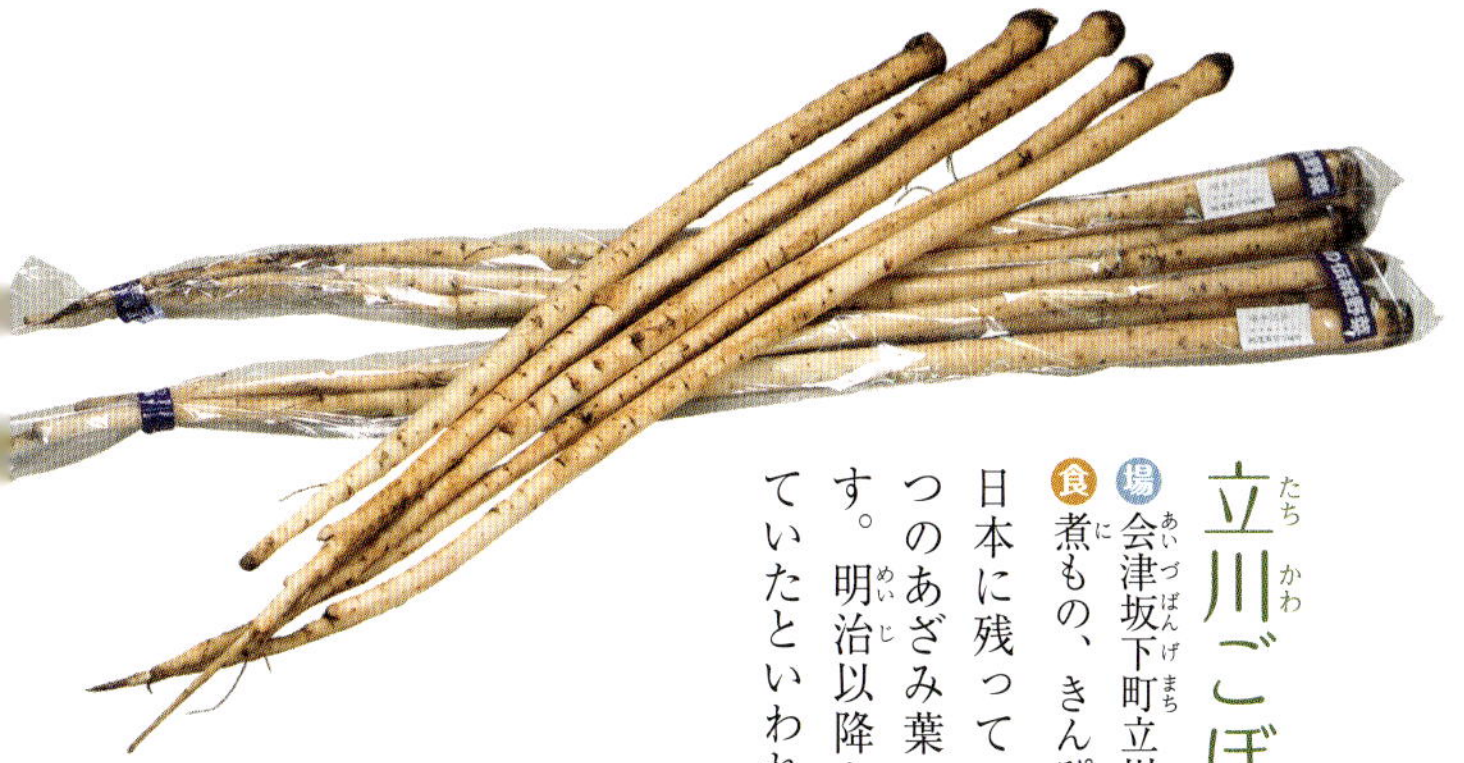

立川《たちかわ》ごぼう

場 会津坂下町《あいづばんげまち》立川地区
食 煮《に》もの、きんぴら

日本に残っているただ一つのあざみ葉のごぼうです。明治《めいじ》以降から作られていたといわれています。

会津《あいづ》丸《まる》なす

場 会津地方一帯
食 焼きなす、煮《に》もの、漬《つ》けもの、天ぷら

濃《こ》い紫色《むらさき》で、つやがよい巾着型《きんちゃくがた》のなす。果肉《かにく》がなめらかです。

●いわき昔野菜　福島県のいわき市に残る伝統野菜《でんとうやさい》を次の世代へ伝えるため、「いわき昔野菜保存会《ほぞんかい》」が活動を始めました。

その他の伝《でん》統《とう》野《や》菜《さい》

全国に広がる「伝統野菜」の保護《ほご》や復活《ふっかつ》。みなさんの暮《く》らす地域では、どんな動きがありますか？

どんな野菜が伝統野菜なのか、確《たし》かなルールはありません。（4ページ参照《さんしょう》）

全国には、地元《じもと》の野菜を広めるために地域名をつけた野菜がありま す。それ以外にも、各県に伝統野菜とよべるものは数多くあります。

いまでは栽培《さいばい》されなくなってとだえてしまった品種《ひんしゅ》や、いまでも地域の食生活に根づいてさかんに栽培されている品種などさまざまです。

十全《じゅうぜん》なす

長《なが》岡《おか》伝《でん》統《とう》野菜（新潟県）

冬は豪雪《ごうせつ》地域《ちいき》ですが、年間を通じた高い湿度《しつど》・夏の高温《こうおん》多湿《たしつ》・信濃川《しなのがわ》が作った肥沃《ひよく》な土壌《どじょう》によって、独特《どくとく》な食感・風味《ふうみ》を持つ長岡野菜が育ちます。長岡巾着《きんちゃく》なす、糸うり、神楽南蛮《かぐらなんばん》、八石茄子《はちこくなす》、ゆうごうなどがあります。

信《しん》州《しゅう》の伝《でん》統《とう》野《や》菜《さい》（長野県）

高い山に囲まれた信州地方には、独特の食文化とそれを支《ささ》える野菜があります。地大根《じだいこん》といわれる辛《から》みが強いだいこんや、漬《つ》けものにする野沢菜《のざわな》、小布施丸《おぶせまる》なす、ひしの南蛮《なんばん》など、信州伝統野菜認定《にんてい》制度《せいど》によって伝統野菜として選定されています。

上野大根《うえのだいこん》

仙《せん》台《だい》の伝《でん》統《とう》野《や》菜《さい》（宮城県）

仙台長《なが》なす、仙台曲《ま》がりねぎ、仙台伝統雪菜《ゆきな》、仙台芭蕉菜《ばしょうな》などの古くからの品種《ひんしゅ》があります。しかし、生産量は減少《げんしょう》しているため、地元の食卓《しょくたく》によみがえらせようと、地域の活動が広がっています。

仙台伝統雪菜《せんだいでんとうゆきな》

●北海道の伝統野菜《でんとうやさい》「札幌大球《さっぽろだいきゅう》」は15kgにもなるという大型のきゃべつ。一方、日本一大きな「入善《にゅうぜん》ジャンボすいか」は富山県が認定《にんてい》する「越中《えっちゅう》富山の伝統野菜」の一つです。

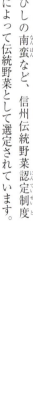

あいちの伝統野菜《でんとうやさい》（愛知県）

温暖《おんだん》な気候と豊《ゆた》かな水に恵《めぐ》まれ、古くから野菜づくりがさかんでした。東海道の尾張地域《おわりちいき》は、全国の種が集まり、種や苗《なえ》を育てて、農家に売る種苗業《しゅびょうぎょう》もさかんでした。愛知縮緬《ちりめん》かぼちゃ、かりもり、金《きん》俵《ぴょう》まくわうりなどがあります。

愛知縮緬《ちりめん》かぼちゃ

大和《やまと》の伝統野菜《でんとうやさい》（奈良県）

戦前から奈良県内で栽培《さいばい》されている品種《ひんしゅ》や、地域独特《ちいきどくとく》の栽培法によって「味」「香《かお》り」「形態《けいたい》」「来歴《らいれき》」などの特徴《とくちょう》ある品種を「大和の伝統野菜」として認定《にんてい》しています。代表的なものに、大和《やまと》まな、大和丸《やまとまる》なす、紫《むらさき》唐辛子《とうがらし》などがあります。

大和丸《やまとまる》なす

飛騨《ひだ》・美濃《みの》の伝統野菜《でんとうやさい》（岐阜県）

標高《ひょうこう》が高く、夏でも涼《すず》しい飛騨地方と、平たんで夏暑く冬寒い美濃地方。それぞれの風土をいかした特徴《とくちょう》ある伝統野菜が、岐阜県には多くあります。あじめこしょう、十六ささげ、あきしまささげ、種蔵紅かぶなどがあります。

種蔵紅《たねくらべに》かぶ

近江《おうみ》の伝統野菜《でんとうやさい》（滋賀県）

京の都《みやこ》に近いため、独特の野菜が多く作られてきました。中でも色つきのかぶは種類が豊富《ほうふ》にあり、おいしい漬《つ》けものとして楽しまれています。日野菜《ひのな》、万木《ゆるぎ》かぶ、北之庄菜《きたのしょうな》、赤丸《あかまる》かぶ、近江《おうみ》かぶ、そのほか、そばの薬味《やくみ》に使われる伊吹大根《いぶきだいこん》もあります。

伊吹大根《いぶきだいこん》

ひょうごのふるさと野菜（兵庫県）

北は日本海、南は瀬戸内《せとうち》の気候の影響《えいきょう》を受け、さまざまな野菜が作られてきました。摂津《せっつ》、播磨《はりま》、但馬《たじま》、丹波《たんば》、淡路《あわじ》の各地の歴史や文化との関連《かんれん》が多いものを、「ひょうごのふるさと野菜」として紹介《しょうかい》しています。武庫一《むこいっ》寸《すん》そらまめ、尼《あま》いも、御津《みつ》の青うり、丹波黒《たんばぐろ》など、多くの品種《ひんしゅ》があります。

尼《あま》いも

●福井県の伝統野菜《でんとうやさい》である「河内赤《こうちあか》かぶら」は、今でも焼き畑農法で栽培《さいばい》されています。岡山県では県内の伝統野菜を「吉備《きび》やさい」として選定しています。

都道府県別伝統野菜《とどうふけんべつでんとうやさい》リスト

東京都

練馬大根《ねりまだいこん》…26
大蔵《おおくら》大根…56
亀戸《かめいど》大根…56
高倉《たかくら》だいこん
東光寺《とうこうじ》だいこん
志村《しむら》みの早生《わせ》だいこん
汐入《しおいり》だいこん
品川《しながわ》かぶ…31
滝野川《たきのがわ》かぶ
金町小《かなまちこ》かぶ…30
下山千歳白菜《しもやまちとせはくさい》…44
城南小松菜《じょうなんこまつな》
伝統小松菜《でんとうこまつな》…56
しんとり菜《な》
青茎三河島菜《あおくきみかわしまな》
のらぼう菜…56
奥多摩《おくたま》わさび…56
砂村三寸《すなむらさんずん》にんじん
馬込三寸《まごめさんずん》にんじん…33
東京うど…54
内藤《ないとう》とうがらし
寺島《てらしま》なす…56
雑司ヶ谷《ぞうしがや》なす
高井戸半白《たかいどはんじろ》きゅうり
馬込半白《まごめはんじろ》きゅうり…11
本田《ほんでん》うり
小金井《こがねい》まくわ
東京大越《おおしろ》うり
鳴子《なるこ》うり・府中御用《ふちゅうごよう》うり
内藤《ないとう》かぼちゃ
角筈《つのはず》かぼちゃ
淀橋《よどばし》かぼちゃ
滝野川《たきのがわ》ごぼう…33
渡辺早生《わたなべわせ》ごぼう
砂村一本《すなむらいっぽん》ねぎ
拝島《はいじま》ねぎ
千住一本《せんじゅいっぽん》ねぎ…48
早稲田《わせだ》みょうが…52
谷中《やなか》しょうが…52
たけのこ(孟宗竹《もうそうちく》)
川口《かわぐち》えんどう
三河島枝豆《みかわしまえだまめ》…19
足立《あだち》のつまもの

山形県

村山《むらやま》地方
- もってのほか…25
- 山形青菜《せいさい》…46
- 赤根《あかね》ほうれん草《そう》…45
- 悪戸《あくと》いも…35
- 蔵王《ざおう》かぼちゃ…9

最上《もがみ》地方
- 漆野《うるしの》いんげん…20
- 最上赤《もがみあか》(にんにく)…51
- 甚五右ヱ門芋《じんごえもんいも》…34
- 肘折《ひじおり》かぶ
- 神代豆《じんだいまめ》
- 最上《もがみ》かぶ
- 角川《つのかわ》かぶ
- 畑《はた》なす…25
- 勘次郎《かんじろう》きゅうり
- ひろっこ…50

庄内《しょうない》地方
- 民田《みんでん》なす…7
- あさつき
- 平田赤《ひらたあか》ねぎ…49
- だだちゃ豆《まめ》…18
- 温海《あつみ》かぶ…30
- 藤沢《ふじさわ》かぶ…25
- 宝谷《ほうや》かぶ…29
- 外内島《とのじま》きゅうり…10
- 小真木《こまぎ》だいこん…26
- からとりいも…35
- 鵜戸川原《うどがわら》きゅうり…10

置賜《おきたま》地方
- 雪菜《ゆきな》…25
- うこぎ
- 小野川豆《おのがわまめ》もやし
- おかひじき
- 薄皮丸《うすかわまる》なす
- 花作大根《はなづくりだいこん》
- 紅大豆《べにだいず》
- 高豆《こうず》くうり
- 馬のかみしめ

福島県

雪中《せっちゅう》あさづき…50
荒久田茎立《あらくだくきたち》…57
ちりめん茎立
会津丸《あいづまる》なす…57
会津小菊《あいづこぎく》
　かぼちゃ…9
会津地《あいづじ》ねぎ…48
真渡瓜《まわたうり》…12
慶徳玉葱《けいとくたまねぎ》
かおり枝豆《えだまめ》…18
立川《たちかわ》ごぼう…57
舘岩《たていわ》かぶ…57
会津赤筋大根《あいづあかすじだいこん》…27
あざき大根…28
とこいろ青豆《あおまめ》
阿久津《あくつま》曲がりねぎ
源吾《げんご》ねぎ
信夫冬菜《しのぶふゆな》…47
のりまめ…19
さとまめ…19
親孝行豆《おやこうこうまめ》
　(うずらまめ)…21
小白井《おじろい》きゅうり
かおり枝豆《えだまめ》…18

群馬県

入山《いりやま》きゅうり
高山《たかやま》きゅうり
陣田《じんだ》みょうが…52
国分《こくぶ》にんじん…32
ねこまなこ
紅花《べにばな》いんげん
下仁田《しもにた》ねぎ…48
下植木《しもうえき》ねぎ
在来水《ざいらいみず》ブキ
宮内菜《みやうちな》
宮崎菜《みやざきな》
幅広《はばひろ》いんげん…20

栃木県

ゆうがお(かんぴょう)
宮《みや》ねぎ
新里《にっさと》ねぎ
かき菜《な》…46
中山《なかやま》かぼちゃ
野口菜《のぐちな》

茨城県

赤ねぎ
浮島大根《うきしまだいこん》…28
貝地《かいじ》の高菜《たかな》
江戸崎《えどさき》かぼちゃ

埼玉県

埼玉青《さいたまあお》ナス
くわい
岩槻《いわつき》ねぎ
のらぼう菜《な》
紅赤《べにあか》(さつまいも)…37
山東菜《さんとうさい》…44

北海道

食用《しょくよう》ユリ
札幌大球《さっぽろだいきゅう》キャベツ
八列《はちれつ》とうもろこし
まさかりかぼちゃ…8
札幌黄《さっぽろき》…50
メークイン(じゃがいも)…39
大野紅《おおのべに》カブ
男爵《だんしゃく》いも…38

青森県

阿房宮《あぼうきゅう》(キク)
糠塚《ぬかづか》きゅうり…10
筒井《つつい》かぶ
笊石《ざるいし》かぶ
清水森《しみずもり》なんば…15
大鰐温泉《おおわにおんせん》もやし…19
一町田《いっちょうだ》せり…53
おこっぺいもっこ
　(じゃがいも)…39
福地《ふくち》ホワイト六片《ろくへん》(にんにく)…51

秋田県

とんぶり
かのかぶ
平良《たいら》かぶ
三関《みつせき》せり
松館《まつだて》しぼり大根《だいこん》…27
鹿角《かづの》マルメロ
強首《こわくび》はくさい
からとりいも…35
秋田ぶき…54
じゅんさい

岩手県

二子《ふたご》さといも…35
暮坪《くれつぼ》かぶ…30
安家地大根《あっかじだいこん》
曲《ま》がりねぎ
橋野《はしの》かぶ
矢越《やごし》かぶ

宮城県

仙台白菜《せんだいはくさい》…44
仙台芭蕉菜《せんだいばしょうな》…47
仙台伝統雪菜《せんだいでんとうゆきな》…58
余目《あまるめ》ねぎ
からとり芋《いも》…35
仙台長《せんだいなが》なす…7
仙台曲《せんだいま》がりねぎ…48
小瀬菜《こぜな》だいこん
鬼首菜《おにこうべな》
仙台《せんだい》せり…53

ここにあるものは全国にある伝統野菜《でんとうやさい》の一部です。このリストにのっていない伝統野菜もたくさんあります。

みなさんの地域にはどんな伝統野菜があるのか、調べてみましょう。

岐阜県

堂上蜂屋柿《どうじょうはちやがき》
あじめこしょう…14
わしみかぶら
守口大根《もりぐちだいこん》…28
まくわうり…12
飛騨紅《ひだべに》かぶ…30
飛騨一本太《ひだいっぽんふと》ねぎ
西方《にしがた》いも
徳田《とくだ》ねぎ
千石豆《せんごくまめ》
十六《じゅうろく》ささげ…21
沢《さわ》あざみ
桑《くわ》の木豆《きまめ》…21
菊ごぼう
きくいも…40
あきしまささげ…21
弘法《こうぼう》いも
瀬戸《せと》の筍《たけのこ》
種蔵紅《たねくらべに》かぶ…59
宿儺《すくな》かぼちゃ…9
伊自良大実柿《いじらおおみがき》
紅《べに》うど…54
藤九郎《とうくろう》ぎんなん
南飛騨富士柿《みなみひだふじがき》
久野川《くのがわ》かぶら
島ごぼう
高原山椒《たかはらさんしょう》

長野県

源助蕪菜《げんすけかぶな》
飯田《いいだ》かぶ菜《な》
飯田冬菜《いいだふゆな》
稲核菜《いねこきな》
木曽菜《きそな》
諏訪紅蕪《すわべにかぶ》
野沢菜《のざわな》…46
羽広菜《はびろな》
千代《ちよ》ネギ
松本一本《まつもといっぽん》ねぎ
ひしの南蛮《なんばん》…15
ぼたんこしょう…14
小布施丸《おぶせまる》なす
鈴ヶ沢《すずがさわ》ナス
ていざなす
開田《かいだ》きゅうり
伍三郎《ごさぶろう》うり
鈴ヶ沢《すずがさわ》うり
清内路《せいないじ》きゅうり
八町《はっちょう》きゅうり
番所《ばんどころ》きゅうり…10
清内路《せいないじ》かぼちゃ
沼目越瓜《ぬまめしろうり》
本《ほん》しま瓜《うり》
松本越瓜《まつもとしろうり》
穂高《ほたか》いんげん
くだりさわ
下栗《しもぐり》いも…39
清内路黄《せいないじき》いも
平谷《ひらや》いも
むらさきいも
上野大根《うえのだいこん》…58
親田辛味大根《おやだからみだいこん》
切葉松本地大根《きればまつもとじだいこん》
たたら大根《だいこん》
戸隠大根《とがくしだいこん》…28
戸隠《とがくし》おろし
ねずみ大根《だいこん》…28
灰原辛味大根《はいばらからみだいこん》
前坂大根《まえさかだいこん》
牧大根《まきだいこん》
山口大根《やまぐちだいこん》
上平大根《わってらだいこん》
赤根大根《あかねだいこん》
清内路蕪《せいないじかぶ》
芦島蕪《あしじまかぶ》
王滝蕪《おうたきかぶ》
開田蕪《かいだかぶ》
細島蕪《ほそじまかぶ》
保平蕪《ほだいらかぶ》
三岳黒瀬蕪《みたけくろせかぶ》
吉野蕪《よしのかぶ》
常盤牛蒡《ときわごぼう》
村山早生牛蒡《むらやまわせごぼう》
あかたつ／唐芋《とうのいも》
坂井芋《さかいいも》
穂高山葵《ほたかわさび》
安曇野《あづみの》わさび

山梨県

おちあいいも
鳴沢菜《なるさわな》
長《なが》かぶ
長禅寺菜《ちょうぜんじな》
大塚《おおつか》にんじん…33
大野菜《おおのな》
水かけ菜《な》
茂倉《もぐら》うり（きゅうり）
八幡《やはた》いも
あけぼの大豆《だいず》…18
紅花《べにばな》いんげん…21

静岡県

水掛菜《みずかけな》
折戸《おりど》なす
井川《いかわ》なす
井川《いかわ》おらんど…38
えびいも…34
井川大蒜《いかわおおびる》
井川《いかわ》きゅうり
梅ヶ島地芋《うめがしまじいも》
梅ヶ島大野菜《うめがしまおおのな》
見付《みつけ》かぼちゃ

石川県

打木赤皮甘栗《うつぎあかがわあまぐり》かぼちゃ…9
金沢一本太《かなざわいっぽんふと》ねぎ…24
二塚《ふたつか》からしな…24
加賀《かが》れんこん…40
五郎島金時《ごろうじまきんとき》（さつまいも）…37
加賀太《かがふと》きゅうり…11
金時草《きんじそう》…24
加賀《かが》つるまめ…23
源助大根《げんすけだいこん》…27
へたむらさきなす…24
たけのこ
諸江《もろえ》せり
赤《あか》ずいき
くわい
金沢春菊《かなざわしゅんぎく》…45
金沢青《かなざわあお》かぶ
加賀丸《かがまる》いも
剣崎《けんざき》なんば
中島菜《なかじまな》…46
沢野《さわの》ごぼう
金糸瓜《きんしうり》…9
神子原《みこはら》くわい
小菊《こぎく》かぼちゃ
かもうり

千葉県

はぐらうり…13
早生一寸《わせいっすん》そらまめ
大浦《おおうら》ごぼう…33
土気《とけ》からし菜《な》
落花生《らっかせい》…23

神奈川県

三浦《みうら》だいこん
大山菜《おおやまな》
湘南《しょうなん》レッド（たまねぎ）…50
相模半白節成《さがみはんじろふしなり》きゅうり
万福寺《まんぷくじ》にんじん…32
津久井在来大豆《つくいざいらいだいず》…19

新潟県

やきなす
久保《くぼ》なす
白なす
赤かぶ
女池菜《めいけな》
白十全《しろじゅうぜん》
鉛筆《えんぴつ》なす
砂《すな》ネギ
五千石《ごせんごく》ネギ
居宿葉《いしゅくは》ネギ
小平方茶豆《こひらかたちゃまめ》…19
寄居《よりい》かぶ…31
小池《こいけ》ごぼう
ゆうごう…13
カキノモト
城之古菜《たてのこしな》
長岡菜《ながおかな》
十全《じゅうぜん》なす…58
長岡《ながおか》（中島《なかじま》）巾着《きんちゃく》なす…6
肴豆《さかなまめ》…18
曽根《そね》にんじん
大崎菜《おおさきな》
魚沼巾着《うおぬまきんちゃく》
神楽南蛮《かぐらなんばん》…14
越《こし》の丸《まる》
高田《たかだ》しろうり
本かたうり
千本ねぎ
八幡《やはた》いも
だるまれんこん…40

富山県

真黒《しんくろ》なす
くきたち
みずぶき
高岡《たかおか》どっこ（きゅうり）…11
あさつき
小佐波《おざなみ》みょうが
五箇山《ごかやま》かぶ
かもり
あかざや
らっきょう
銀泉《ぎんせん》まくわ…12
五箇山《ごかやま》かぼちゃ
ずいき
平野大根《ひらのだいこん》
ほうきぎ
金屋《かなや》ねぎ
大和《やまと》（さといも）
千石豆《せんごくまめ》
入善《にゅうぜん》ジャンボ西瓜《すいか》

本文中《ほんぶんちゅう》に掲載《けいさい》のあるものは、ページを併記《へいき》してあります。

大阪府

京都府

和歌山県

兵庫県

愛媛県

香川県

滋賀県

三重県

奈良県

愛知県

福井県

長崎県
長崎赤かぶ…30
長崎紅大根（かぶ）…31
長崎はくさい
長崎たかな
唐人菜（とうじんな）…44
辻田白菜（つじたはくさい）
木引かぶ（こひきかぶ）
雲仙こぶ高菜（うんぜんこぶたかな）…47
デジマ（じゃがいも）…39

鹿児島県
桜島大根（さくらじまだいこん）…28
安納いも（あんのういも）…36
有良大根（あったらだいこん）
フル（葉にんにく）
ハンダマ
はやとうり…13
ながうい・いとうい（へちま）
伊敷長なす（いしきながなす）
開聞岳大根（かいもんだけだいこん）
かわひこ（さといも）
国分大根（こくぶだいこん）
こうきいも…36

ミガシキ（ずいき）
さつま大長レイシ（おおながレイシ）…13
親くい芋（おやくいいも）
白なす
トカラ田いも
トイモガラ
養母すいか（やまがわだいこん）
山川大根（やまがわだいこん）
横川大根（よこがわだいこん）
吉野にんじん
ナタ豆…23
隼人イモ（はやといも）…36
種子島紫いも（たねがしまむらさき）…37
黄金千貫（こがねせんがん）…37

沖縄県
クヮンソウ…43
ゴーヤー…13
シブイ（とうがん）
タイモ
フーロー豆
モーウィ（うり）…13
ヤマン（やまのいも）
島だいこん
ダッチョウ（島らっきょう）…43
イーチョーバー（フェンネル）
ハンダマ
ンム（紅いも）…37
野菜パパイヤ
ウンチェー（くうしんさい）
カンダバー（かずら）
シマナー（からし菜）…43
ナーベーラー（へちま）…12
サフナ（ぼたんぼうふう）…43
フーチバー（にがよもぎ）…43
ンスナバー（ふだんそう）

チシャナバー
ニガナ
島かぼちゃ
オオタニワタリ
しかくまめ…23
葉にんにく
のびる
チデークニ
（島にんじん）…32
コーレーグース…14
ウベ（紅山いも）…41

佐賀県
女山大根（おんなやまだいこん）…27
青しまうり
桐岡なす（きりおかなす）
相知高菜（おうちたかな）
戸矢かぶ（とやかぶ）
ひし…42

福岡県
山潮菜（やましおな）
三池高菜（みいけたかな）
かつお菜…47
博多金時にんじん（はかたきんとき）
博多据かぶ（はかたすわり）
合馬のたけのこ（おうまのたけのこ）…42
芥屋かぶ（けやかぶ）
博多長（なす）（はかたなが）…7
大葉しゅんぎく（おおばしゅんぎく）…45

大分県
久住高菜（くじゅうたかな）…47
青長地這きゅうり（あおながじばい）
宗麟カボチャ（そうりん）
耶蘇芹（やそぜり）

チョロギ
臼杵の大ショウガ（うすきのおおしょうが）
日田1号（ひだ）
みとり豆

宮崎県
糸巻き大根（いとまきだいこん）…42
いらかぶ（漬け菜）
黒皮かぼちゃ（くろかわ）…8
夕顔かぼちゃ（ゆうがお）
鶴首かぼちゃ（つるくび）
白皮にがうり（しろかわ）
佐土原なす（さどわら）…7

白なす
平家かぶ（へいけ）
すえだいこん
たけのこいも

熊本県
水前寺もやし（すいぜんじ）…19
熊本京菜（くまもときょうな）…47
阿蘇高菜（あそたかな）
赤大根（あかだいこん）
地きゅうり
佐土原なす（さどわら）
赤崎からいも（あかさき）

水前寺菜（すいぜんじな）
熊本赤なす（くまもとあか）…42
黒菜（くろな）
鶴の子芋（つるのこいも）
あかどいも
ひともじ
（わけぎ）…49
熊本ねぎ
はなやさい天草1号（あまくさ）
熊本長にんじん（くまもとなが）…32
いもの芽…34

山口県
笹川錦帯白菜（ささがわきんたいはくさい）…44
とっくり大根
萩たまげなす（はぎ）…7
岩国赤だいこん（いわくにあか）
武久かぶ（たけひさ）
山口甲高たまねぎ（やまぐちこうだか）…50

徳佐うり（とくさ）
あざみな
白オクラ
岩国れんこん（いわくに）…40

高知県
十市なす（とおち）
弘岡かぶ（ひろおか）
入河内大根（にゅうがうちだいこん）
はすいも…34
葉にんにく

鳥取県
板井原大根（いたいばらだいこん）
砂丘ながいも（さきゅう）
伯州ねぎ（はくしゅう）
三宝甘長とうがらし（さんぽうあまなが）
砂丘らっきょう（さきゅう）…50

岡山県
万善かぶら（まんぜん）
備前黒皮かぼちゃ（びぜんくろかわ）
衣川なす（きぬがわ）
黒すいか
間倉ごぼう（まぐら）
雄町せり（おまち）
宇戸川ごぼう（うとがわ）…33

茂平うり（もびら）
陶だいこん（すえ）
黍（きび）
土井分小菜（どいぶんこな）
日指ごぼう（ひさし）
鶴海なす（つるみ）

島根県
黒田せり（くろだ）…53
津田かぶ（つだ）…31
出西しょうが（しゅっさい）…52
津田長なす（つだなが）
匹見わさび（ひきみ）

広島県
矢賀ちしゃ（やが）
笹木三月子大根（ささきさんがつこだいこん）
広島おくら
観音ごぼう（かんのん）
深川早生芋（ふかわわせ）
広島菜（ひろしまな）…47

観音ねぎ（かんのん）…48
青大きゅうり（あおだい）
祇園パセリ（ぎおん）
広甘藍（ひろかんらん）
太田かぶ（おおた）
わけぎ…49

徳島県
ごうしゅういも…38
阿波みどり（しろうり）（あわ）
美馬太きゅうり（みまふと）
臼が谷なす（うすがたに）
鳴門れんこん（なると）
なると金時（きんとき）…37

協力（敬称略）

JA十和田おいらせ
一般社団法人北上観光コンベンション協会
株式会社今庄青果
秋田県農林水産部農業経済課販売戦略室
最上総合支庁産業経済部農業振興課
山平会津若松青果株式会社
福島県農林水産部農産物流課
伝統農産物アーカイブ事業（いわき市）
茨城県農林水産部販売流通課
ぐんまアグリネット
江戸東京・伝統野菜研究会
長岡中央青果株式会社
スローフード新潟
福井県農林水産部農林水産振興課 地産地消・食育推進グループ
市川三郷町役場産業振興課
古民家おおくぼ
長野県農政部
岐阜県農政部農政園芸課
愛知県
滋賀県農政水産部食のブランド推進課
（公社）京のふるさと産品協会
大阪府北部農と緑の総合事務所農の普及課
兵庫県農産園芸課野菜係
尼崎市農政課
奈良県農業水産振興課園芸特産係
山口県農林水産部　農業振興課
北九州農業協同組合　北九州東部地区本部
佐賀県農林水産商工本部流通課
長崎県農産園芸課
熊本県農林水産部生産局園芸課野菜班
大分県農林水産部おおいたブランド推進課
大分県竹田市農政課
みやざきブランド推進本部宮崎県農政企画課ブランド流通対策室
鹿児島県農政部農産園芸課野菜係

宮﨑隆至
大竹道茂
北亜続子
らでぃっしゅぼーや
薄井青果
NPO法人　野菜と文化のフォーラム「野菜の学校」
山口典利
熊野しおり

調べる学習百科

日本の伝統野菜

2015年8月31日　第1刷発行
2019年2月15日　第3刷発行

編著者　石倉ヒロユキ
　　　　真木文絵
監修　板木利隆
発行者　岩崎弘明
発行所　株式会社 岩崎書店
　　　　〒112-0005 東京都文京区水道1-9-2
　　　　TEL 03-3812-9131（営業）　03-3813-5526（編集）
　　　　振替 00170-5-96822
印刷所　株式会社 光陽メディア
製本所　株式会社 若林製本工場

Published by IWASAKI Publishing Co.,Ltd.
Printed in Japan.　NDC626　ISBN978-4-265-08431-9
岩崎書店ホームページ　http://www.iwasakishoten.co.jp
ご意見、ご感想をお寄せ下さい。 info@iwasakishoten.co.jp
乱丁本、落丁本は小社負担にてお取り替え致します。